TQM 実践ノウハウ集

第1編

細谷克也 ●編著
西野武彦／新倉健一 ●著

1. 品質経営とTQM
2. 方針管理
3. 日常管理
4. 人材開発
5. 安全管理

日科技連

ま　え　が　き

　今日の企業を取り巻く経営環境は，大きな変化に直面している．新興国の技術レベルの向上により，製品の差別化が困難になり，また価格競争に巻き込まれることにより収益性低下や経営の持続的成長が問題となっている．

　今こそ企業は，品質を中核に置いて，ICT（情報通信技術）を経営のインフラとして活用し，顧客満足の創出，歓喜を呼ぶ新製品の開発，製品開発期間の短縮および大幅なコスト削減…などの実現による企業価値の向上に努めなければならない．

　このような状況を克服するためには，品質経営システムとして有効なTQM（Total Quality Management：総合的品質管理）を導入し，効果的に推進していくことが求められている．

　筆者たちは，先に品質経営システム構築の実際を示した『品質経営システム構築の実践集』を著した．これは好評を博し，愛用されてきたが，ボリュームが大きく，発刊後10余年が経過した．そこで，品質経営システムの活動を機能別に分類し，3編に分冊・シリーズ化するとともに，見直しを実施し，新しく刊行することとした．

　各編に収録している内容は，表aのとおりである．

　執筆にあたっては，機能別管理システムを構築し，その実際の事例を体系図，手順書および帳票類などを用いてわかりやすく明示して，すぐに実務に適用できるようにした．

表a　各編の収録内容

【第1編】	【第2編】	【第3編】
1. 品質経営とTQM	1. 新製品開発	1. 品質保証
2. 方針管理	2. 新技術開発	2. 利益・原価管理
3. 日常管理	3. 設備・計測機器管理	3. 販売・受注管理
4. 人材開発	4. 改善活動	4. 購買管理
5. 安全管理	5. 標準化	

〈**本書の特徴**〉として，次のものがあげられる．
(1) 品質経営の実例と**TQM実践のノウハウ**が豊富に盛り込んである．
(2) 帳票は，単に様式を示すだけでなく，**実例・具体例**を記述した実務的な内容にしてある．
(3) **どの産業分野，どの業種，どの製品**にでも適用できるように配慮してある．
(4) デミング賞を受賞した**エクセレンス企業**の事例を示してある．
(5) エクセレンス経営モデルの実際が**ビジュアル**にわかる．

本書は，次のような企業の経営者，管理者，スタッフを対象にしたものである．
(1) エクセレンス経営モデルを導入・推進し，経営目標・経営戦略の達成を図りたい企業
(2) TQMを導入したい，導入する必要があると考えている企業
(3) TQM活動がうまく進んでいない部分を改善したいと思っている企業
(4) TQM活動をさらに強化し，経営効果を上げたいと考えている企業
(5) ISO 9001に基づく品質マネジメントシステムを構築したものの，品質，売上，利益など経営効果が出ていないと不満を持っている企業

日本企業の多くが今，マネジメントの強化と再構築を迫られている．マネジメントの能力が，企業の優勝劣敗を決める時代がやってきたといえる．メガコンペティションに打ち勝つためには，主要製品・主力事業・ブランド力などにおいて，世界市場で圧倒的な優位性を占めておく必要がある．高度な品質経営システムに基づく活動こそ，顧客価値の創造に役立つものといえる．

　本書の執筆に当たって，多くの実例の提供をご快諾いただいた関係者に厚くお礼を申し上げる．最後に，本書の出版に当たってご尽力いただいた日科技連出版社の田中健社長，戸羽節文取締役，石田新氏に心からの謝意を表する．

　2017 年 8 月 5 日

　　　　　　　　　　　　　　　　　　　　　　編著者　細谷　克也

目　次

まえがき ……………………………………………………………… iii
品質経営システム構築のポイント ……………………………………… ix
事例会社のプロフィール ……………………………………………… xii

1. 品質経営とTQM ……………………………………………… 1
　1.1　TQMの必要性　***1***
　1.2　TQMとは　***1***
　1.3　TQMは何をすればいいのか　***4***
　1.4　TQM活動により得られる効果　***6***

2. 方針管理 ……………………………………………………… 9
　2.1　経営方針の達成　***11***
　2.2　中・長期経営方針の明確化　***15***
　2.3　年度経営計画の策定　***20***
　2.4　年度計画実施のフォローアップ　***28***
　2.5　年度計画実施の評価　***33***

3. 日常管理 ……………………………………………………… 37
　3.1　日常管理システムの構築　***38***
　3.2　業務内容と管理項目の明確化　***41***
　3.3　管理項目の実績管理　***44***

4．人材開発 …… 47

   4.1　教育管理システムの構築　　*48*

   4.2　教育の体系化　　*50*

   4.3　教育ニーズの明確化　　*52*

   4.4　年度教育・訓練計画の策定　　*56*

   4.5　教育・訓練の実施　　*58*

   4.6　スタッフの能力評価および習熟度の明確化　　*60*

5．安全管理 …… 65

   5.1　安全管理システムの構築　　*66*

   5.2　安全管理計画　　*67*

   5.3　安全教育の実施　　*82*

   5.4　安全管理の実施　　*88*

   5.5　安全活動の評価・処置　　*100*

引用・参考文献 …… *109*

索　　引 …… *110*

品質経営システム構築のポイント

(1) 事例で語る品質経営システムの構築

　品質経営システムは，変化するニーズ，企業の目的・目標，提供する製品やサービス，用いられるプロセス，企業の規模および構造によって変わってくる．

　したがって，企業自らが全社員の協力のもと，顧客のニーズ・期待を満たすための品質経営システムを開発し，確立し，文書化し，実行しなければならない．

　では，企業は，どのように品質経営システムを構築していけばよいのであろうか．

　本シリーズでは，この声に応えるために，企業における品質経営システム構築の実際を事例中心にその解説を交えながら紹介する．これらはTQM活動の結果得られた"しくみ"や"帳票"であり，TQM実践のノウハウ集といえる．

　本シリーズでは，品質経営システムの活動を機能別に分類し，「方針管理」，「日常管理」，「人材開発」など，表a(p.iv)に示す全3編で構成している．この中で，品質経営システムの構築と活用方法を，体系図，業務フロー図，手順書および帳票類などを用いて具体的に，実施事例で示しながら，"目的"，"作り方"および"使い方"などを解説する．

　ここで紹介する事例は，
　① NH機械㈱
　② MK建設㈱
の2社のものである．

NH機械㈱は，"建設機械の開発，設計，製造，販売，アフターサービスを扱う製造業"で，MK建設㈱は，"建設工事の特殊施工技術を開発，受注，設計，施工を扱う建設業"である．この2社の事例で語るが，これらの内容は，業種や企業の規模にあまり関係がなく，一般企業で使えるものである．

　これらの事例は，現在実際に使用されている実例であるが，あくまでも事例であって，このとおりにすることが最良である…というものではない．適宜改良し，自社への最適化を図って使っていただくことが望ましい．

　品質経営システムは，多様化した顧客ニーズ，企業の方針・目標，リリースされる製品やサービス，用いられるプロセスや手段によって変わってくる．

　提供する製品やサービス内容の特徴および企業内の実務に適したものとなるように工夫して，品質経営システムを構築し，実践していただきたい．

(2) 本シリーズの構成

　各編の章は，各項目ごとに，次の構成によって記述している．

(1) 章の概要

　章・節の初めに，この章で述べる機能別要素において要求される活動内容，つまり何をやらなければならないかについて解説している．ここで，この章の実施事項の概要を理解してほしい．

(2) 事　例

　① 事例の目的

　上記(1)に対応した重点活動事項の事例の目的・ねらいを解説している．

② 事例の解説

事例で具体的な内容を示し，この事例の特徴，ポイント，使い方を解説してある．

事例番号は，各編の章と節の番号に合わせてある．例えば，事例 2.3 − 2 は，第 2 章 3 節「年度経営計画の策定」の 2 番目の事例であることを示す．そして，事例 2.3 − 2 のタイトルは，

　　事例 2.3 − 2　部門別年度計画の策定：「実施計画書」

となっている．この事例名「部門別年度計画の策定」は活動事項を，：（コロン）のあとの「実施計画書」は帳票名を示している．

また，図表番号も同じように，事例番号と合わせて，

　　図 2.3 − 2　実施計画書

とし，対応関係が理解しやすくしてある．

③ 図表

各図表において，帳票として様式化した部分の文字は，"丸ゴシック体"で，この帳票を用いて記録した部分の文字は"明朝体"で表し，両者を区分してある．また，帳票類中の氏名，会社名などの固有名詞や住所，電話番号など，特定する箇所については，実名を避けてあることをご了承いただきたい．

（注）事例は，実在の会社をモデルにしてあるが，数値，年度，会社名，氏名などは，修正または仮名にしてある．年度は，当年 20××，翌年は○○，3 年後は□□，4 年後は●●とし，前年は△△，2 年前は◇◇，3 年前は◎◎，4 年前は◆◆，5 年前は▲▲とした．

事例会社のプロフィール

.... NH機械㈱のプロフィール ....

1．概　要
　NH機械株式会社は，KT建機㈱の総販売店として，
　① 建設機械の販売・サービスを担当する建機販売本部
　② 自社開発製品である車載型クレーンの製造・販売を担当する産機営業本部
　③ 工場設備機械などの設計・製造を担当する製造本部
の3事業本部制により業容を拡大し，顧客ニーズに応えてきた．

　TQMを導入したのは，2000年であるが，2012年に「TQM強化宣言」を行い，"品質至上"を基本理念に，「技術力・開発力の向上」，「品質保証体制の整備」，「人材の育成による個性と活力の発揮できる職場環境の創造」を活動の重点として推進してきた．その成果として2016年にデミング賞を受賞した．

2．沿　革
1960年　NH機械設立
2008年　ISO 9001：2008規格の認証取得（2017年 ISO 9001：2015に移行）
2012年　TQM強化宣言
2016年　デミング賞受賞

3．規　模（20××年4月1日現在）
　(1) 資本金　　30億円
　(2) 売上高　　450億円（図b）

(3) 従業員数 800名(男性730名,女性70名)
(4) 拠点数　56カ所

4. 組織とその主要業務

図cに示すとおりである.

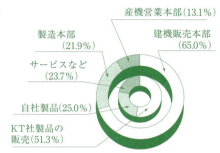

図b　売上高構成比

5. 特　徴

建機販売を核に3本部により幅広い事業を展開している.

56カ所の拠点を核にしたエンドユーザーへの直接販売と,部品・サービスの迅速な対応などにより,きめ細かなサービスをユーザーに提供し,顧客満足の向上に努めている.

さらに,多岐にわたるユーザーニーズを製品化することにより,自社製品分野を拡大する活動に取り組んでいる.

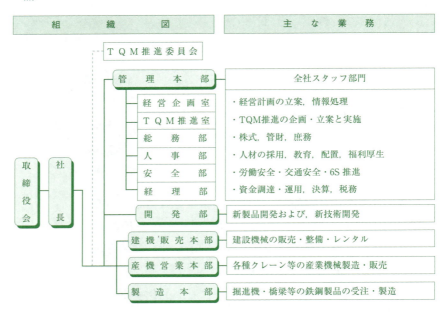

図c　組織と主要業務

・・・・・・・・・・　MK建設㈱のプロフィール　・・・・・・・・・・

1．概　要
　MK建設株式会社は，ダムボーリング・グラウト，地中連続壁の施工など建設工事の特殊施工分野を担う専門工事業者として業績の向上を図ってきた．

　2008年にTQMを導入し，経営理念『創業者の信条とした「顧客第一」を継承し，社是である「誠実・意欲・技術」の実践により，品質方針「良い仕事をして顧客の信頼を得る」を基本に人間性尊重の経営を永続する』を中期経営基本方針に明示し，方針管理のしくみにより全社に展開してきた．その成果として新規事業の拡大や管理システムの構築など企業体質を強化し，2017年にデミング賞を受賞した．

2．沿　革
1976年　MK建設設立
2007年　ISO 9001：2000規格の登録取得（2016年 ISO 9001：2015に移行）
2008年　TQM導入
2017年　デミング賞受賞

3．規　模（20××年4月1日現在）
　(1)　資本金　　2,500万円
　(2)　売上高　　100億円
　(3)　従業員数　60名
　(4)　支店・出張所　大阪支店・東北出張所

4. 組織とその主要業務

図dに示すとおりである.

5. 特　徴

建設施工の特化技術を社会に提供する技術集団として，顧客の信頼を確固たるものにしている．特に"地中連続壁"においては，近年の都市開発にともなう地下構造物の大型化・大深度化のニーズに的確に応え，約40万m^3の施工実績を積み上げている.

需要動向の変化に対応して，基礎杭技術などを開発・改良し，経済的ニーズに応え，受注につなげている.

建設残土や汚泥の処理技術など，近年の環境問題という社会的ニーズに応え，環境の保全・回復に関する新技術を開発・提供している.

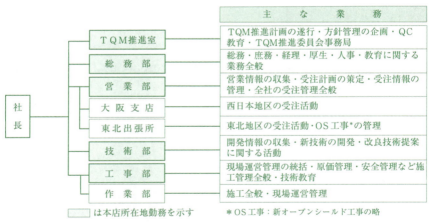

図d　組織と主要業務

品質経営とTQM

■1.1 TQMの必要性

　企業を取り巻く経営環境は，これまで経験したことのないほど厳しく，その変化は激しい．事業のグローバル化が進み，モノとサービスを一体化した価値の提供が求められ，国内外市場の競争は一層激化し，企業に戦略的対応を求めている．

　企業は製品やサービスを生産し，これを消費者に販売することによって経営が成り立っている．したがって，社会に受け入れられ，消費者が喜んで買ってくれるような品質の製品やサービスを生産・販売すること以外に，この時代に生き残り，企業を繁栄させていく道はないのである．

　日本企業は，品質を中核において，顧客満足の創出，感動を呼ぶ新製品の開発および究極のコスト削減…などの実現による企業価値の向上に努めている．

　品質を中心とする品質経営システムを構築し，企業価値を高めるために，TQM(Total Quality Management：総合的品質管理)を導入し，効果的に推進していくことは，企業存続・発展のための有力な戦略である．

■1.2 TQMとは

　TQMとは，「**企業の構成員全員の参画によって，顧客の要求を満足**

する品質を経済的に実現し，企業の安定した成長をはかる品質重視の経営手段」のことである．

「総合的品質管理」を実施して顕著な業績の向上が認められる企業に対して授与される最も権威のある賞として，デミング賞がある．デミング賞委員会では，TQMを，表1.1のように"定義"している．

表1.1　デミング賞委員会のTQMの定義

TQM（Total Quality Management：総合的品質管理）とは，
主文 　顧客の満足する品質を備えた品物やサービスを適時に適切な価格で提供できるように，全組織を効果的・効率的に運営し，組織目的の達成に貢献する体系的活動．
解説 1.「**顧客**」：買い手のみでなく，使用者，利用者，消費者，受益者などの利害関係者を含む． 2.「**品質**」：有用性（機能・心理特性など），信頼性，安全性などを指すが，第三者や社会・環境・次世代への影響を考慮する必要がある． 3.「**品物やサービス**」：製品（完成品のみでなく部品や材料を含む）やサービスとともに，システム，ソフトウェア，エネルギー，情報など顧客に提供されるすべてを含む． 4.「**提供**」：「品物やサービス」を生み出し顧客に渡すまでの活動，すなわち調査，研究，企画，開発，設計，生産準備，購買，製造，施工，検査，受注，輸送，販売，営業などのほか，顧客が利用中における保全やアフターサービスおよび利用後の廃棄やリサイクリングにかかわる活動をも含む． 5.「**全組織を効果的・効率的に運営**」：適切な組織・経営管理のもとで，品質保証システムを中核として，原価，量，納期，環境，安全などの諸管理システムを統合し，できるだけ少ない経営資源で迅速に組織目的を達成できるように全部門，全階層の全員で仕事を進めていくことをいう．このためには，人間性尊重の価値観のもとに，コア技術・スピード・活力を支える人を育成し，プロセス・業務に対し，統計的手法などを適切に用いて，事実に基づき，計画・実施・評価・処置（PDCA）の管理・改善を実施すること，さらに適切な科学的手法や情報技術の有効活用により経営システムの再構築を図ることが必要となる． 6.「**組織目的**」：顧客満足の恒久的・継続的実現を通し，組織の長期的適正利益の確保と成長を目指す．従業員満足とともに社会・取引先・株主等の事業に関係するすべての人々の便益の向上を含む． 7.「**体系的活動**」：組織の使命（目的）を達成するために，明確な中・長期的なビジョン・戦略および適切な品質戦略・品質方針を定め，経営トップ層の強い使命感と強力なリーダーシップのもとに行う組織的な活動をいう．

出典）デミング賞委員会：『デミング賞のしおり』，日本科学技術連盟，2016

デミング賞委員会の定義は，TQM の意味をよく説明しているが，この定義の特徴の第 1 は，顧客(使用者，利用者，消費者，受益者など)志向を重視していること，第 2 は，企業の全組織を効果的・効率的に運営していくこと，第 3 は，体系的に活動が展開されていることを重視している点にある．

TQM という言葉を，もう少し平易に説明すると，図 1.1 のようになる．

TQM 活動の特徴をまとめると，次のようになる．

★ TQM 活動の 7 つの特徴
(1) 経営トップのリーダーシップのもとに，顧客志向を重視してトップから職場第一線の人まで，企業のすべての人が参画して行う活動である．
(2) 総務，経理，技術，設計，製造，営業など，組織内のすべての部門で行う活動である．

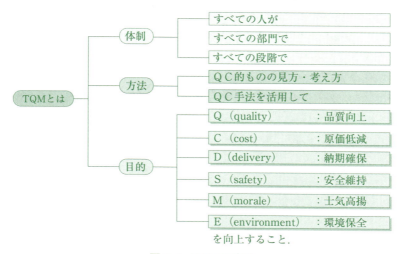

図 1.1　TQM の意味

(3) 市場調査，商品企画，設計，製造，販売，アフターサービスなど，商品やサービスを提供するすべての段階で行う活動である．
(4) 品質保証，新製品開発，原価管理，生産量管理，販売管理，安全管理，環境管理，情報管理，人材開発・育成など，管理のしくみを充実し，PDCA(Plan, Do, Check, Act)のサイクルを回していく活動である．
(5) Q, C, D, S, M, E を改善・管理し，向上していく活動である．
(6) QC 的ものの見方・考え方を重視する活動である．
(7) QC 手法の活用が欠かせない活動である．

■1.3 TQM は何をすればいいのか

　製造業を中心に発展してきた TQM も，今日ではサービス業，建設業，小売業などのあらゆる業界で TQM が導入され，推進されている．
　企業が TQM を導入する動機はいろいろであるが，その第1は，「いかなる環境の変化にも対応できる企業体質の強化」にある．今日の様相から見ても，今後どのような環境の変化がやってくるかは，予測できない．よって，いかに環境が変化しても対処していける強い事業基盤を築いておきたいということである．
　では，"企業体質の強化"とは，どういう意味であろうか．企業体質とは，「企業の力」，すなわち「その企業がもっている固有の性質，力」であり，具体的には，「企画力，開発力，技術力，販売力，品質力，コスト力，管理力，組織活性力，問題解決力など」を指しているのである（図1.2）．
　では，このような力はどのようにして高めていけばよいのであろうか．それは，図1.3 に示すように，「仕事のやり方，つまり現在の"しくみ"のまずいところやもっとよくしたいところを問題・課題として摘出し，

1.3 TQMは何をすればいいのか 5

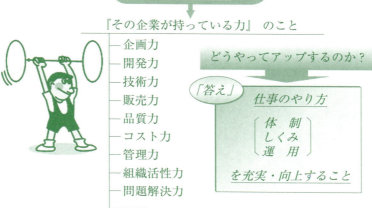

図1.2 企業体質とは

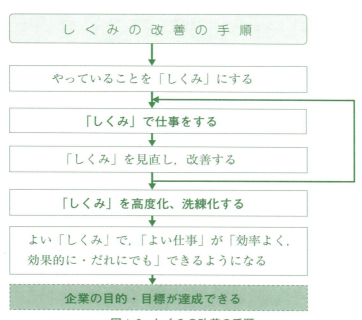

図1.3 しくみの改善の手順

これを速いスピードで解決し，このうまいやり方を標準化し，企業のノウハウとして蓄積し，しくみの高度化・洗練化を図っていけばよい」のである．

■1.4　TQM 活動により得られる効果

　TQM を導入・推進していくと，次のような"効果"を得ることができる．これは，TQM を推進してこられた会社の声を集めてまとめたものである．

★　無形の効果
(1)　Q(質)，C(コスト)，D(納期)，S(安全)，M(士気)，E(環境)に関する有形の効果を向上することができる．
(2)　贅肉を落とし，強靭な企業体質に改善できる．
(3)　利益が確保でき，低成長経済や環境変化に強い経営が確立できる．
(4)　トップの方針が全社に展開され，総力結集の効果が図れる．
(5)　品質第一の考え方が浸透し，顧客の厚い信頼を得ることができる．
(6)　創造性と活力が発揮され，新製品・新技術の開発が進む．
(7)　事実に基づく管理，PDCA を回すことが行動として定着する．
(8)　QC サークルや QC チーム活動の活性化により，業務の改善が進み，問題解決力のある人が育ってくる．
(9)　部門間のセクショナリズムがなくなり，社内のコミュニケーションがよくなる．
(10)　全社員の意欲が高まり，挑戦的目標に積極的に取り組むようになる．

★ **有形の効果**

　有形の具体的効果としては，企業の規模や業態によって異なるが，TQM導入後，3～4年で，導入時の実績に対して，ほぼ次のような効果が得られる．換言すると，このような効果が得られるように推進していくことが重要である．

　(1)　売上高　　　　　　1.5～2倍
　(2)　利益　　　　　　　2～3倍
　(3)　工程不良率　　　　1/10～1/100
　(4)　クレーム件数　　　1/10～1/100
　(5)　クレーム損失金額　1/10～1/100
　(6)　コスト削減　　　　2～5倍
　(7)　リードタイム　　　1/2～1/3
　(8)　顧客満足度　　　　1.5～3倍

2 方針管理

　企業が存続し成長発展していくためには，トップが決めた方針のもと，全社が統一ある企業活動を実践することが最も肝要であり，"方針管理"の導入・実践が効果的である．

　方針管理とは「経営基本方針に基づき，中・長期経営計画や短期経営方針を定め，それらを効率的に達成するために，企業組織全体の協力のもとに行われる活動」である．

　経営目的は，多くの企業において創業者の経営哲学やトップのポリシーなどが経営理念や社是などで示されている．経営理念や社是の実現のために経営方針として，長期または中期・年度の単位で経営計画が策定される．

　経営方針は単にスローガンを示すものではない．「方針＝目標＋方策」と考え，経営方針は業績などの経営指標を"目標"とし，これを達成するための具体的な手段を"方策"として明確にすべきである．

　中・長期の経営計画では経営理念の実現を明確に位置付けし，社外・社内の経営環境を分析し経営目標を設定して，これを達成するための経営課題と重点施策を明確にしなければならない．

　経営目標は，売上高，利益額などの業績のほか，技術開発，品質保証などの各機能の成果を含めて指標を明確にすべきである．この経営指標達成のために必要な，たとえば新規事業の開拓など，経営上めざすべき方向が経営課題であり，経営課題を解決するための手段が重点施策であ

る．

　経営目標，経営課題と重点施策は中・長期で設定した各年度に展開され，これをもとに年度経営方針が決まる．

　年度経営方針は"社長方針"として，年度経営目標とその達成手段である重点方策が決定され社内の全員に伝達される．社長方針を受けて各部門の"部門長方針"を設定し，部・課の実施計画書に目標と重点方策を明確にして末端まで展開する．

　重点方策は，あくまでその年度の方策であり年度経営目標に密接につながるもので，年度内で結果が出るように決定すべきである．また重点方策は名が示すとおり，いくつも検討された方策の中で最も効果的であるものを重点指向で実施するもので，総花的，抽象的であってはならない．

　経営目標が努力なくしては達成できない挑戦的目標である以上，重点方策も今までのやり方を踏襲していたのでは目標の達成はおぼつかない．今までのやり方の問題点を明確にし，業務や管理のしくみを改善し，経営システムの再構築につなげる方策の設定が最も望ましい．

　方針管理は現状を打破し変革していく活動であり，重点方策を具体的に実践し経営目標を達成するために改善活動は不可欠である．

　以下に紹介する事例は，方針管理活動の実践について経営方針の設定から経営計画の策定，計画の実施，確認・フォローアップ，処置までの管理についてシステムの手順にそって述べるものである．

　このような方針管理の導入・実践により，経営方針，経営目標を確実かつ効率的に達成でき，環境の変化に対しても目標の修正，計画の変更および仕事のしくみを適時かつスピーディに変えていくことができる．さらに経営マネジメントシステム全体の構築・改善が実践でき，企業体質の強化が図れ，また各部門の業務の質および管理レベルの向上につな

げることができる．

■2.1　経営方針の達成

　企業の経営目的・経営理念の実現のためには，経営方針を設定し，明確な目標と具体的な方策を定め，組織の階層・役割に応じて全社員が参画して活動を実践しなければならない．

　経営活動を組織的に実践し効果をあげるには体系的な管理システムの構築が必要であり，そのシステムの良しあしに方針管理の成否がかかっている．

> **事例 2.1　方針管理システムの構築：「方針管理体系図」**

◆ **事例の目的** ◆

　方針管理の実践にあたっては，経営方針の設定から経営計画の立案，実施，確認，評価・処置までの管理のしくみを明確にし，システムを構築する必要がある．

　そのシステムを明確にしたものが「方針管理体系図」である．方針管理体系図は管理の手順をフロー図で示し，組織内の役割分担としくみを運用するために使用する標準・帳票類を明確にしたものである．

　方針管理システムの構築により，経営上の目標を達成するための真に重点とすべき課題と，それを達成するための方策が明確に設定でき，経営層から現場第一線の社員まで全社的な経営活動が実践できる．

◆ **事例の解説** ◆

　方針管理のシステムを定めたものが，図2.1に示すMK建設㈱の事

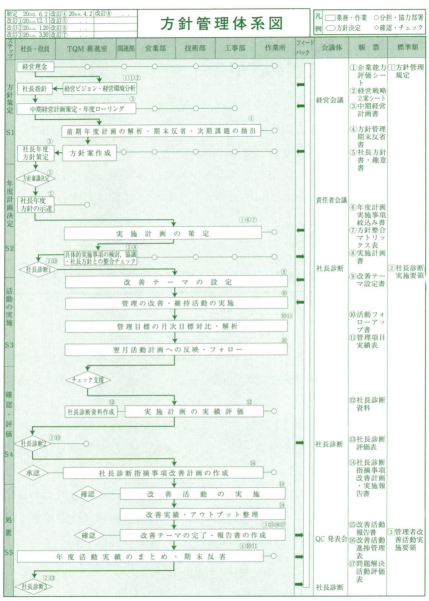

図2.1　方針管理体系図

例「方針管理体系図」である．これにより会社の経営方針を明確にすることができ，全社の末端にまで浸透させ各階層に応じた経営活動が実践できる．

"経営方針の策定とその達成活動の計画・活動の実施・確認・処置"の管理のサイクルを縦軸のステップに，横軸には組織内の関連部門，帳票・標準類を示している．

このように経営活動実践の手順・やり方と全社の組織の役割分担を明確にする必要がある．

(1) 経営方針の策定(S1)

経営の基本方針として経営理念を明確にし，経営環境の分析により中・長期的な経営ビジョン・経営目標を定めることが基本事項である．ついで経営目標達成のための経営課題を明確にし，この解決のための重点施策を設定することにより，経営方針の内容を全社に具体的に周知できる．

(2) 年度経営計画の決定(S2)

中・長期の経営ビジョンをもとに，経営課題解決のための重点施策を組織の末端まで実践していくためには，経営方針を年度単位でより具体的に各部門に展開する必要がある．

中期経営基本計画の年度ローリングおよび前年度の反省に基づき，年度社長方針を設定して各部門に展開する．手順は，以下のとおりである．

① 年度社長方針の示達

業績などの経営指標を定め，中期経営計画および前年度の期末反省をもとに社長方針を年度経営方針として示達する．

② 各部の重点課題の絞込み

社長方針をもとに，あわせて自部の前年度の期末反省，中期経営計画など，計画に反映すべき課題を必要な角度から漏れなく検討し，

関係を整理して整合させ，重点を絞り込むのがポイントである．

③　実施計画の決定

社長方針達成のための各部の実施計画を決定する．社長が診断などでヒアリングを行い，各部が策定した実施計画の内容の適切性についてすり合わせを行う．

これにより各部門における経営活動の内容が具体的になり，組織をあげた体系的な活動ができるようになる．

(3)　活動の実施(S 3)

各部の実施計画を具体的に実践し，社長方針を達成するためには，現状の業務を改善して管理システムのレベルを向上させる必要がある．そのため，社長方針に対して各部の現状の問題点を明確にし，その解決の方策として改善テーマを設定して改善活動を実施することが，経営活動を効果的に実践するポイントである．

(4)　確認・評価(S 4)

年度方針達成のための方策が，実施計画に従って具体的に実行されているかどうかを月次単位でチェックし，フォローアップしていくことがより重要である．

一方，社長方針達成状況の全体については，社長をはじめ経営層自身がチェック・評価を行い，活動の問題点を把握してフォローアップする必要がある．そのためには，「社長診断」の制度を定めて定期的にチェックするしくみを構築し，効果的な経営活動の実践につなげるとよい．

(5)　処　置(S 5)

実施計画の実施状況を月次評価して，目標の達成度および関係する活動内容から当月の問題点，反省点を明確にし，翌月の計画に織り込み管理のサイクルを回す．

さらに年度末において，社長方針達成状況の総括として経営目標の

実績の分析，活動内容とその成果のまとめ・評価と問題点の解析を行い，次年度への課題を明確にすることが重要である．この結果，策定した方策の有効性を検証することで経営活動の問題点が明確になり，次年度はより効果的な方策を設定することができ，経営目標の達成度が向上する．

■2.2　中・長期経営方針の明確化

経営方針は，創業者の哲学やトップのポリシーなど経営理念を明確にしたうえで，いままでの経営状況と外部環境を分析し，自社の進むべき方向を具体的に示したものである．

経営目標を達成して経営理念の実現をめざすためには，年度単位の目標設定だけではなく長期的視野に立った経営方針の明確化を図る必要がある．

このためには，経営の基本戦略と中・長期の経営課題を明確にし，重点施策を具体化した経営計画が必要である．

事例2.2-1　経営基本戦略の立案：「経営戦略立案シート」

◆ 事例の目的 ◆

経営会議などで経営方針を討議するにあたっては，経営層が現状の経営環境について共通の認識を持ち，方針のベクトル合わせをする必要がある．

このことで，会社を取りまく経営環境や自社の強み・弱みが明確になり，経営方針が具体的に討議され，経営層の意思の統一が図れ，経営課題と基本戦略の概要が立案できる．

── ◆ **事例の解説** ◆ ──

経営戦略を立案する「経営戦略立案シート」を，図2.2-1に示す．経営方針の策定は，経営層が重要な経営戦略についていかに具体的に討議できるかに成否がかかっている．

(1) 現状の経営環境と自社の経営問題について，経営層が共通の認識を持つことが討論の的を外さないポイントであり，この観点から大まかに現状分析し，簡便に的を絞れるようにしてある．

(2) 経営環境の変化と自社の経営課題，基本戦略，企業体質のアイテムで，過去および現在の状況を大まかに分析して整理する．このとき，経営環境の変化に対応できる適切な経営課題を設定できていたか，またその達成の活動が明確にされ，活発に行われていたかどうかがポイントとなる．

(3) 企業体質について，"事業構造"，"管理体制"，"企業風土"の面から過去および現在の状況を分析する．あわせて，企業体質について自社の強み・弱みが明確に認識されていたか，またその改善にいかに取り組まれてきたか，特に管理体制と経営課題の達成との関連性についても明確にする必要がある．

(4) 以上により，将来において「経営戦略はこうしたい，基本はこうしよう」，さらに具体的戦略として「事業構造，管理体制，企業風土をこのようにしたい」ということを明確にすることが結論になる．

この帳票により，大まかな経営環境分析が簡便に実施でき，経営層が自分の考えをまとめ会議の場に活用することで，討議の的を絞ることができる．この結果，経営問題について共通の認識を持つことができ，経営戦略を具体的に検討できる．

2.2 中・長期経営方針の明確化　17

経営戦略立案シート

		20xx年1月25日	部名 全社	氏名 社長 半田 孝

	過去	現在	将来
環境変化とインパクト分析	**環境** ・地中連壁：公共事業縮減、大型工事見直し、出件数社減。 ・ダムグラウト：環境、事業予算見直しにより縮小。 ・オープンシールド：採用増、規模細分化、年度後半集中。 ・汚泥水処理：環境重視から期待できる分野。 ・拡底杭：現状以上期待薄いが、直視したい分野。	**環境** ・地中連壁：大型工事減、工法見直し、出件数社減。 ・ダムグラウト：地方重視予算で期待感小。 ・オープンシールド：自治体関係にあるユーズ、出件数増向、工法、湖沼浄化などの需要、建設残土のリサイクル期的取り組みを要す。 ・流動化処理：開心度深まる。 ・拡底杭：規模小、出件数増加傾向にあり。	当社に関連した環境変化と予想される事項【十機会、⊖脅威、強み、弱み】 ・公共事業の縮減、環境影響等の再評価により、当社の主要な受注分野のプロジェクト計画の見直しされ、地中連壁工事等の受注状況は厳しい状況にある。⊖ ・当社の主要な技術（ダムグラウト、地中連壁地盤改良）に続く技術の整備が遅れているが、建設残土の流動化処理技術およびKS市のプロジェクトに採用され運転開始に目途がつきつつある。技術の結果地方自治体の関心が確認できる今後活動および PR活動の関心が確認できる。十
経営課題と基本戦略	**経営戦略** ・MH建設グループが受注したダム工事のグラウト地中連壁工事の施工を担当し技術的にレベルアップによりグループに貢献しMH建設グループから受注する。 ・営業活動は協力しMH建設グループから受注する。	**経営戦略** ・MH建設依存体質からの脱皮を目指しグループ外からの受注図る。 ・営業体制を強化して新しい顧客の開拓を目指す。 ・顧客の要望に応えられる技術の研究開発体制強化。 ・流動化処理からの新技術の確立。	**基本戦略【基本はこうしよう】** ・流動化処理プロジェクトに関する情報を収集しMH建設に提供し営業活動に協力し受注体制を強化する。 ・オープンシールド、拡底杭の全国展開に対応して受注確保と平準化を図る。 ・地方の営業基盤を拡充して業務体制整備と施工体制を強化する。 ・ダムグラウトおよび中連壁技術は当社の主要技術であり、今後とも技術のフランクを伝承に努める。
企業	事業構造	受注構成比率（20xx年、平均） MH建設グループからの受注比率：90%。 主要技術（ダムグラウト、地盤改良）：70%。 A工事の受注比率：20%。 B工事の受注比率：45%。	受注構成比率（20xx年、見込み） MH建設グループからの受注比率：89%。 主要技術（ダムグラウト、地中連壁、地盤改良）：64%。 A工事の受注比率：27%。 B工事の受注比率：42%。	経営戦略【具体的にこうしていこう】 ・中期的受注構成比率改定（A工事／B工事受注比率：90%、A工事の受注比率：25%）、出張所の営業活動の支援体制強化。 ・地方の対応できる施工体制（技術交流、研修等）による人材育成と教育を図る。 ・新しい営業体制整備と技術メニューにより技術の組み合わせによる新しい技術導入。
	営業体制	本社を中心とした施工重視の体制。	本店、支店、出張所のネットワークを重視した3拠点体制、施工および営業重視の管理体制。	・店、出張所の責任と権限の共有化して対応のスピード化を図る。 ・OA化を推進して情報の共有化と対応のスピード化を図る。 ・営業第一主義を目標として「本店」、2支店体制」を構築する。 ・20xx年度を最終到達目標とし、新しい業務分野を広げるための技術開発、研究の体制を強化する。
	企業風土	技術志向だが営業活動はMH建設グループ依存体質（会社設立当時の経緯あり）。	MH建設グループへの依存体質から「社外から存在が認められる企業」への脱皮を目指す。 新しい技術に挑戦する技術志向。	・営業第一主義、研究体制の整備と活用開発により営業能力を意識徹底する。 ・MH建設への依存体質からの脱皮を目指し、「営業第一主義」に値した体制を育成する。 ・技術開発、研究投資に応えられる和益確保のための営業工夫と改善提案を改善発想にしてコスト削減。 ・組織の活性化と品質重視の管理体制を目指す。

図 2.2-1 経営戦略立案シート

事例 2.2-2　中期経営基本計画の策定：「中期経営計画書（経営課題と重点施策の年度展開）」

◆ 事例の目的 ◆

　会社方針を末端まで浸透させ，経営目標達成の活動を全社的に展開するには，まず会社の基本とするビジョンを明示することである．一般に経営理念，社是などがこれにあたり，ついで品質方針，環境方針などの機能別の方針が策定される．このうえで売上，利益などの各業績目標と機能別方針に基づく目標を経営指標として明確にし，中期経営計画を策定する．このように会社方針の位置付けを系統的に整理する必要がある．

　中期経営計画では，経営指標達成のため解決すべき"経営課題"を設定し，この解決の手段としての"重点施策"を各年度に展開してさらに具体化する．

　以上のことにより，会社方針の内容が明確になり，社内の理解が得られ，経営活動を末端まで浸透させることができる．

◆ 事例の解説 ◆

　「中期経営計画書（経営課題と重点施策の年度展開）」を図2.2-2に示す．経営環境分析の結果から，3年後に達成すべき経営指標（業績目標と品質目標などの機能別目標）を設定し，あわせて初年度，次年度の目標を定めている．

(1)　経営指標を達成するために必要な経営課題を明確にし，重点施策を設定したものである．経営課題は経営指標の達成とともに"目的"であり，重点施策は"手段"である．このように目的と手段を明確に区分して表現するのがポイントで，重点施策をどう実施できたかのチェックによりその手段が有効であったかどうかの検証ができ，さらに効果的な施策を設定できるようになる．

2.2　中・長期経営方針の明確化

中期経営計画書（経営課題と重点施策の年度展開）

年度	20××年度			20××年度			20□□年度		
主要業績目標 （単位：億円）	受注高	完工高	完成工事利益	受注高	完工高	完成工事利益	受注高	完工高	完成工事利益
	110.00	110.00	3.00	120.00	120.00	3.50	130.00	130.00	4.00
組織・機構	・支店・出張所の営業活動体制強化			・営業部門の増強 ・本社機能の簡素化と支店機能の強化			・TT出張所の支店昇格 ・K市・支店の営業テリトリー見直しと組織再編		
人材計画	・管理技術者の育成、能力向上 ・品質管理の再教育			・定期採用制の再開 ・スキル評価制の導入検討			・企画力のアップと営業スタッフの強化 ・技術営業体制の強化		
生産設備計画	・TT出張所の事務所・宿舎施設の新築・整備			・流動化処理プラントの設備改修			・流動化処理プラント設備改修 ・連続壁工事用機械の整備		

経営課題と重点施策

1. 特化技術の開発・改良とその活用による受注高、完工利益の確保

保有技術・開発技術の拡充	・地方での新規顧客開拓（協力会社を含む） ・建築分野への展開による拡販底抗の販拡 ・クレーン（トラフルツ）の未然防止 ・デザインレビュー（DR）の整備 ・特化技術・開発技術の品質保証 ・顧客満足度の調査開始	・オーダーシールド工法の全国営業拠点作り ・営業活動マニュアル作成・活用 ・品質システムの再構築 ・品質マニュアル、内部品質監査の強化 ・顧客満足度情報の分析活用	・オーダーシールド工法の全国展開 ・全国施工管理体制の再構築など ・全国技術者会議研究、体験発表設置 ・品質と環境問題の融合 ・QA認定制度の推進 ・顧客情報調査のFB充実

2. グループ企業の活用、協力体制の強化による、新しい分野の事業化

新技術の開発と事業化	・保有技術に関する広報活動の推進 ・流動化処理関連技術の事業化、プレセン テーション推進 ・地中連壁工事の需要予測に基づく営業 活動方針検討	・MB利用工法の開発 ・流動化処理技術の付加価値向上 ・山留工（SMWなど）施工、営業体制強化	・MB利用工法の開発・事業化 ・新技術・工法の共同開発 ・事業開発計画の策定（環境分野を含めた） ・保有技術の見直しとニューマーケット ・技術動向調査と事業計画再検討

3. モラールの高揚による、人材の育成

教育・人材の育成	・OJTツールの整備 ・職場の技術交流	・人事考課方法の確立 ・技術者の社外研修・派遣教育制度の導入 ・管理者の能力評価	・MK技術者コースの設置 ・能力給制度の検討 ・設計要員の増強と業務のネットワーク化 ・社内技術インストラクターの養成・制度化

4. 管理技術の習得・活用による、課題達成力の向上

TQM活動の推進・展開	・中期経営ビジョンの再設定 ・TQM活動推進の強化 ・各管理体系の充実 ・デミング賞への挑戦	・協力会社品質監査制度の導入 ・TQM活動再構築（審査員養成のフォローアップ） ・リスクアセスメントの推進	・顧客満足度向上運動の展開 ・環境レポートの作成 ・TQMブラッシュアップの推進
情報化の推進	・スマートデバイスの拡充 ・管理ソフトの導入	・品質情報のネットワーク化 ・管理技術のネットワーク化	・MHグループのAI導入検討 ・情報ネットワークの拡充

図 2.2-2　中期経営計画書（経営課題と重点施策の年度展開）

(2) 経営課題達成に必要な人材計画,設備計画,投資予算などの経営資源,組織機構などを定めてある.特に"人材計画"を経営課題達成と明確に関連づけることが必要である.
(3) 重点施策の内容はさらにブレークダウンした形で各年度に展開し決定する.この内容が年度の実施計画に具体化されることになる.また,年度ローリングのときには見直す必要が出てくる.
(4) TQMの導入・推進を経営の中に明確に位置付ける必要がある.ここでは経営目標達成のため,経営課題達成の手段すなわち重点施策の1つとしてTQMを位置付けしている.

この帳票の活用により,長期的観点に立った経営計画をどのような内容で検討すべきかが明確になる.特に,設定した経営課題と重点施策の理解から,その内容の良否について活発に討議することができる.また,重点施策を年度にブレークダウンすることで年度方針の設定・見直しが容易になり,最善の方策が設定できる.

■2.3 年度経営計画の策定

中・長期の経営計画を達成するためには,さらに詳細な年度計画を具体化する必要がある.年度計画は当然その年度において達成すべきことで,方策もその年度内に成果を生み出すべきものである.このためには総花的な方策ではなく,重点指向の考えに立った具体的な計画を策定する必要がある.

事例2.3-1　年度計画の課題設定：「年度計画実施事項絞り込み書」

◆ 事例の目的 ◆

年度の経営計画として検討すべき事項は，必要とされるあらゆる方向からみるべきであるが，総花的，抽象的にならないように重点指向することが管理上重要である．年度計画はその年度内に完結すべき課題であり，完了させるべき改善活動のテーマである．

このような考えで各部門の年度計画の重点を絞ることにより，期待する活動の成果がより明確になり，年々ステップアップし，方針達成のレベルを向上させることができる．

◆ 事例の解説 ◆

年度計画の課題を設定する「年度計画実施事項絞り込み書」を図2.3-1に示す．

本事例は，各部門が社長方針を受けて実施計画書を策定するにあたり，前年度期末反省からの課題，年度社長方針および中期経営計画からの課題，そして部内日常管理からの課題を検討するものである．

(1) "前年度期末反省からの課題"は，後述する事例「方針管理期末反省書」のまとめを転記するもので，前年度の方策の不適切な点や活動の進め方のまずかった点も考慮する．

(2) "年度社長方針・中期経営計画からの課題"は，自部門が社長方針を受けてそれを達成するにあたり，何が問題か，何がネックになるかを整理して，これを改善テーマとすることがポイントになる．

(3) "部内日常管理業務からの課題"は，社長方針に示されている事項とは別に部門独自の問題を摘出して記述する．

(4) 以上について列挙した課題を"評価"欄で評価して，実施計画書に

20xx 年度

年度計画実施事項絞り込み書

前年度期末反省からの課題	年度社長方針・中期経営計画からの課題	部内日常管理業務からの課題	部名 TQM推進室 / 部長 西村忠彦	作成日 20xx年2月9日 / 修正日 ㊞ 02.05	次年度実施計画絞り込み事項	絞り込み計画への修正①	年月日	評価
1. TQM活動の推進強化を図る。	1. 企業体質の強化を図りデミング賞に挑戦する。	1. 経営指標に関する情報取集と問題点の提示。			1. TQM推進の強化によりデミング賞の受審を達成する。			◎
2. 会社方針展開のしくみを強化する。	2. TQM活動推進の強化を図る。	2. TQM推進強化計画のフォローアップの実施。			2. TQM推進強化計画を確実に実践する。			○
	3. 管理のしくみを充実させ、組織的な管理を実行する。	3. 各管理体系による機能別の考えの理解。			3. 管理体系図と機能別管理の考えの普及を図る。			△
	4. 部門間の連携を図り活性化を達成する。	4. 機能別問題点の明確化と重点活動実施の仕掛け。			4. 機能別重点活動の推進により、部門間の課題達成を図る。			◎
	5. 問題解決力を向上させ職場の活性化を図る。	5. 問題解決力習得のQC教育とフォローアップ。			5. 改善活動の活発化により、問題解決力の向上を図る。			○
	6. 管理レベルを向上させ管理者の育成を図る。	6. 改善活動の進捗把握と活動レベル向上の仕掛け。			6. 社員の管理力向上により、管理技術者の育成を図る。			◎

[評価] ◎：実施計画書の方策・改善テーマに織り込む ○：同方策に織り込む △：日常管理に織り込む

図 2.3-1 年度計画実施事項絞り込み書

記載する事項を絞り込む．

この帳票の活用により，実施計画の策定にあたって検討すべき事項が明確になり，必要な角度から漏れなくチェックでき，何を重点とすべきかの意思決定ができる．

事例 2.3-2　部門別年度計画の策定：「実施計画書」

◆ 事例の目的 ◆

中期経営計画の重点施策を年度ごとにローリングし，また期末反省事項も反映して年度社長方針が策定される．これを受けて各部門が実施すべき具体的な方策を定めるために実施計画書を作成する．実施計画書では，社長方針に対応させて部門の具体的実施事項とその結果を評価する．また，管理項目・目標値，活動スケジュールなどを明確にする必要がある．

これにより，社長方針達成のための部門における活動が具体的になり，年度の経営課題の達成および業績の向上に全社で取り組むことができる．

◆ 事例の解説 ◆

図 2.3-2 に示す事例が「実施計画書」である．社長方針をブレークダウンし，部門としてやるべき実施事項を具体化するものである．

(1) 部門が展開すべき社長方針の重点方策を記載し，これに対応する部の"具体的実施事項"を定める．No. で対応づけを明確にするとよい．

具体的実施事項は「○○により，△△の××を図る」と表現する．"○○"は手段を表し，"△△"は主にねらいを，"××"は向上，低減などの方向を示す．この表現により，どのような方策で社長方針を達成するのかが誰にでも理解できる．

(2) 具体的実施事項の管理項目（管理特性）と目標値を設定する．管理項

20×× 年度 実施計画書

| 社長 | 半田 孝 | 部長(支店長) | 部長(支店長) | TQM推進室 西村 忠彦 | 作成 年月日 20×× 年 4 月 3 日 | 修正日① 年 月 日 | 修正日② 年 月 日 | 修正日③ 年 月 日 |

No.	社長方針重点方策	No.	部の具体的実施事項	管理項目	目標値	管理資料	アウトプット	活動日程 4 5 6 7 8 9 10 11 12 1 2 3
1.	TQM活動の推進を強化することにより、デミング賞挑戦と業績目標の達成を図る。	1-1	TQM推進の強化により、デミング賞の受審を達成する。	強化項目達成件数 TQM推進評価点 経営課題達成件数 年度方針管理項目達成率 社長診断評価点 顧客満足評価点	150件 80点 21件 70% 4.0点 4.0点	TQM推進強化計画進捗表 活動フォローアップ表 管理項目実績表 改善活動管理表	TQM推進強化計画 中期経営基本方針 方針管理規定 社長診断実施要領 顧客満足度評価表	△ △ △ △ △ △ ▽ 進捗チェック・処置・指摘フォローアップ 社長診断 改善強化2 月次フォローアップ(毎月) 満足度調査・分析
2.	各機能のしくみを整備・強化することにより、機能別の目標を達成する。	2-1	機能別重点活動の推進により、各管理体系の充実を図る。	重点活動改善件数 標準類制改廃件数 管理帳票制定件数	80件 200件 50件	改善活動管理表 活動フォローアップ表	管理体系図 業務フロー図 管理帳票類 全社規定・要領	△ △ ▽ 活動まとめ 反省・見直 改善強化1
2.5	職場の技術交流と改善活動により、目標達成意欲を高める。	2.5-1	管理者の改善活動の活発化改善活動により、管理レベルの向上を図る。	管理者テーマ完了件数 改善活動レベル評価点 管理レベル評価点 品質管理教育履修率	64件 90点 4.0点 81%	改善活動管理表 活動フォローアップ表 PDCAマップ	改善活動管理表 改善活動レベル評価表 管理レベル評価表PDCAマップ QCセミナー受講計画表	△ △ △ ▽ 活動の普及 4半期評価・処置 QC発表会評価(毎月)

図 2.3-2 実施計画書

目は具体的実施事項を実施した"結果"を評価する指標であり，それを数値化したものが目標値である．これがないと計画の実施状況のチェック・処置などができず，管理上不可欠なものである．

　管理項目を示すことで，具体的実施事項のねらいとするところ，到達点をより明確にすることができる．

(3)　"管理資料"は，管理項目が目標値に対してどの程度達成しているかをチェックし，アクションをとるための資料である．管理グラフのようにグラフ化し，達成度が一目でわかるようにするとよい．

(4)　"アウトプット"は具体的実施事項の実践，すなわち改善の結果生み出されるシステム，標準・帳票類など，期待する成果品を計画する．

　管理項目が結果の評価であるのに対し，アウトプットは活動プロセスの成果を示すもので，両方の関係を見ていく必要がある．アウトプットがないのに管理項目が目標到達であったとすれば，無意味な方策かまたは特に方策を必要としない自然的推移であったと考えるべきであろう．

(5)　活動のスケジュールを具体的実施事項の項目ごとに"活動日程"に定める．しくみ上の問題点の整理・改善，標準化，運用・維持，見直しなど，管理のサイクルを回す計画にすることがポイントになる．

　この帳票の活用により部門の活動内容が具体的になり，かつ活動の実践状況のチェックとアクションをとる"管理の方法"が明確になり，管理が確実にできるようになる．

事例 2.3-3　年度目標達成のための改善活動：「改善テーマ設定書」

◆ 事例の目的 ◆

　社長方針の達成にあたり，各部門において実施計画の方策を確実に実

施し，目標を達成するためには，改善活動をあわせて実行するのが最も効果的である．このため部門の改善テーマを明確に設定する必要がある．

　これにより，社長方針達成のため形式的でなく実態を伴った活動として，効果的に実践されるようになる．同時に，システムの構築，管理ツールの開発など，企業体質の強化につながり，経営課題が達成できるようになる．

――――◆ 事例の解説 ◆――――

　方針管理の活動は"現状打破の活動"であり，社長方針達成のためには，方針を受けた各部門における業務改善，すなわち改善活動が不可欠である．この改善テーマを決定するのが，図2.3-3の「改善テーマ設定書」である．

(1) 方針管理における改善は，社長方針を達成するための部門内の問題点を明確にして，管理システムを改善することにより，企業体質の強化につなげることである．

(2) 改善を実施するには，まず図2.3-2「実施計画書」(p.24)の"部の具体的実施事項"に対応させ，この実践にあたって各部において解決すべき現状の問題点を整理する必要がある．この問題点をQCストーリーの手順で解決するのが改善活動である．

(3) 取り上げた問題点の解決を表明したものが改善テーマである．テーマ名は「○○における△△の××」と表現するとよい．ここで"○○"は部門名，業務名，製品名など，テーマの対象を表し，"△△"は管理項目を"××"は向上，低減などの改善の方向を示す．このように表現することにより，現状の問題点と，何をどのように改善するのかが誰にでもわかる．

(4) この改善活動をうまく活発に進めるには，計画段階で活動内容とねらい，実施のチェックなどの管理方法を明確に定め，部門長の月次チ

2.3 年度経営計画の策定　27

20xx年度 改善テーマ設定書	部・作業所・出張所名	主担当者	担当チーム				
	TQM推進室	須藤	信一	関連部長 西村 忠彦	長 西 xx.04.03	関連部長 長田 邦男	長 西 xx.04.03
				関連担当		長田 邦男	長 西 xx.04.03
						作 成 年 月 日　20xx年 4月 3日	修正日① 年 月 日
							修正日② 年 月 日
							修正日③ 年 月 日

部の具体的な実施事項：
- TQM推進強化計画の実践により、デミング賞の受審を達成する。
- 機能別重点活動の推進により、各管理体系の充実を図る。
- 管理者の改善活動の活発化により、管理レベルの向上を図る。

No.	テーマNo.	改善テーマ名	チーム人数	氏名	改善項目 管理項目	改善目標 現状値	改善目標 目標値	期限	活動日程（上段：計画・下段：実績）4-3
1-1	1.	主要工事における顧客満足度の向上	○須藤 4名 長田	藤田	顧客満足評価点	3.8点	4.0点	6月末	
2-1	2.	機能別重点活動における改善件数の向上	○佐々山 須藤	佐藤	重点活動改善件数	38件	80件	8月末	
2.5-1	3.	本店管理部門におけるチーム管理者管理力の向上	○西村 松尾 新田		管理レベル評価点	3.8点	4.0点	8月末	
	4.	管理者改善活動における改善活動レベル評価点	○新田 佐々山		改善活動レベル評価点	83点	90点	6月末	

【凡例】
①現状の把握 ⑤対策の検討と実施
②目標の設定 ⑥効果の確認
③活動計画 ⑦標準化と管理の定着
④要因の解析 ⑧反省と今後の課題

改善結果　実績　評価
完了日　年 月 日

図2.3-3　改善テーマ設定書

2　方針管理

ェックや社長診断などでしっかりフォローアップしていくことが重要である．そのために計画に必要な事項を以下にあげる．

① 改善テーマ名に対応させ，管理項目の現状値，目標値を設定し，いつまでに改善するかの期限を明確にする．

② "活動日程"には，QCストーリーの"現状の把握"から"反省と今後の課題"までの改善活動の8つのステップをスケジュール表にする．あわせて実績を記入し，活動の進捗状況をチェックできるようにする．改善活動のプロセスは巻末参考文献『すぐわかる問題解決法』に詳述されているので，参照されることをおすすめする．

③ 活動終了後の評価も大切であり，改善結果として完了日，実績，評価を記入し，次の活動に反映させる．

この帳票の活用により，部門の改善活動が具体的，かつその進捗管理，活動結果の評価が明確になり，社長方針の達成度が向上するようになる．

■2.4 年度計画実施のフォローアップ

管理のうえで重要なことは計画内容の良否であるが，さらに肝心なのが計画の実践そのものである．計画の策定にあたりさまざまな検討をして多くの時間を費やし，完璧な経営計画ができたとしても，実践力がともなわなければまったく意味のないものになってしまう．

計画実施のフォローアップこそが重要で，このうまいやり方を管理のしくみの中で確立することが，計画実践力を高め，目標達成度を向上させることになる．

事例 2.4-1　年度計画実施の月次管理：「活動フォローアップ書」

◆ 事例の目的 ◆

部門の実施計画を確実に実行していくためには，実施状況をしっかり把握して的確なアクションをとり，フォローアップしていく必要がある．このため，実施計画に定めた方策の実施内容と管理項目の目標達成度を明確にして問題点を把握し，できれば月次で管理のサイクルを回すべきである．

これにより，計画が"絵に描いた餅"ではない実質を伴った活動になり，方策の実践力が向上し，経営目標の達成がれるようになる．

◆ 事例の解説 ◆

年度計画を月次管理する「活動フォローアップ書」を，図2.4-1に示す．これは部門の実施計画書の"具体的実施事項"を毎月どのように実施したか，そしてその結果，管理項目の目標達成度のチェックを行い，反省点・問題点を明確にして翌月の計画に反映させ，月次で管理できるようにしてある．

本事例は，図2.3-2「実施計画書」(p.24)の管理資料にあたる．

(1) 実施計画書の具体的実施事項1件ごとに1枚使用する．計画した管理項目・目標値を月次単位で設定してグラフ化し，その達成度が一目でわかるようにしてある．

　月次の目標値の設定は，具体的実施事項の活動内容と密接に関係するので，このスケジュールの進捗と合わせておく必要がある．

(2) 具体的実施事項をどのように実施したかを，"実施内容"に記入する．この場合，日常の業務内容でなく，定めた方策すなわち業務改善をどう実施できたか，どんなアウトプットができたかを記述するもの

20xx 年度
活動フォローアップ書

			担当部署名	TQM推進室	

No.	部の具体的の実施事項	目標値	管理事項	4月	5月	6月
1-1	TQM推進強化計画の実践により、デミング賞の受審を達成する。	・150件 ・80点	・強化項目達成件数 ・TQM推進評価点			

計画
- 実読(概括編、部門編)のモデル改善事例の作成支援
- 重点活動編、効果持続の継続整理
- ××年度の実施部位、改善テーマの活動推進(詳細は、TQM推進計画月次日程表(4月)による)

- 重点説明資料の初版作成支援
- 開案演習の方針とまとめ方指示
- 現場説明の方針決定
- 管理規定の制定支援
- 観察報告、TQM推進計画月次日程(6月)による)

(以下、実施・内容・反省・問題点の各行が4月・5月・6月に続く)

実施
1. 重点活動のまとめに関し、実践作成の基本的な考え方、[実談の基準]、[他件例等]を配布した。(4/5)
2. 重点活動と効果持続をまとめるために、各機能と関連部署の今月を図った。(4/5)
3. 機能別重点活動をまとめ(実談と機能集団)を強調する活動内容をレポート集を作成した。(4/14)
4. 「TQM推進重点活動編」活動に関する基礎案を作成した。(4/20)
5. 部門別重点活動と事例をまとめた(実施部門編)、各部門の今後の推進を図った。(4/22)
6. 改善事例(実読現場事例)2件を発表し、各部のフォローアップを行った。(4/28)
7. 実読(総括編、部門編)の読み合わせを実施、各部門の整合性の整理、(4/27, 30)

1. 重点説明資料の読み合わせを行い、職場用語の選定と解釈上の補足記述を明確化した。(5/12)
2. 説明用語のファイリング方法を明確にした。(5/6)
3. 重点活動 ×× 年度の資料を作成し、各部へ支援した。(5/12)
4. 活動経過、×× 年度の記入書式を作成し、各部へ支援した。(5/17)
5. TQM推進計画書(改訂版)を提示し説明した(5/17)
6. 実読(総括編、部門編)、特別用・特別用を出版した。(5/24)
7. 重点方針および ×× 年度方針の改善事例7件を発表し実施事例等の報告のまとめと、各部のフォローアップを行った。(5/26)
8. 活動フォローアップ書、活動事例 00 年度、改善事例報告のまとめと、各部の支援事例のフォローアップを行った。(5/27)

1. 品質保証規定に「受注管理規定」の制定支援を行った。(6/9)
2. 「実説」を目的化意に提出した。(6/7, 21)
3. 「機能別補足要望の意味を説明し、日常管理の考え方と運動状況をモニタした。(6/21)
4. 重点説明の補足事項明確化について記入例を運用し、関連資料の作成の見直しを説明を依頼した。(6/21)
5. 改善事件を発表し、意見交換とフォローアップを図った。(6/23)
6. 改善事例4件を発表し、各部の今後の方針のまとめと、各部の推進事例の差状況をモニタした。(6/30)
7. TQM推進評価表、特別用・特別用を出版した。

反省・問題点
- 実読作業により、重点活動の効果が把握できた。
- 強化項目達成件数は、目標未達となっているが、××年3月末まで、当月の計画達成30%以上の項目を作成しており、当月の計画はほぼ達成程度化している。
- 実施を反映した実績明表の見直しが必要である。

- 計画通り実読の出版、改善事例7件を発表でき、
- ×× 年度の実施事項の具体化とその取り組みを活用し、各部のフォロー修正、実績データの更新。
- 改善事例の見直しを行う必要がある。
- 各部体系の同異の整合化が進んでいる。
- 「重点反映資料の修正」と「帳票類の見直し改訂」中の物が、強化項目達成率に未達成となっている。

- 日常管理資料の整備の方針を設定できた。
- 重点活動事例の修正、効果データの更新。
- 観察修正化はほぼ完了し、推進強化項目の目標(業初)が達成できた。
- 重点説明資料の作成修正化により、各部各機能の重点反映資料が作成完了した。
- 各管理体系同の見直し、改訂、複数のデータベースの整合が必要である。
- 技術標準、品質保証関連情報のデータベース追加が必要である。

記録認
各月ごとに 部長 / 担当者 印欄

実績表・管理グラフ

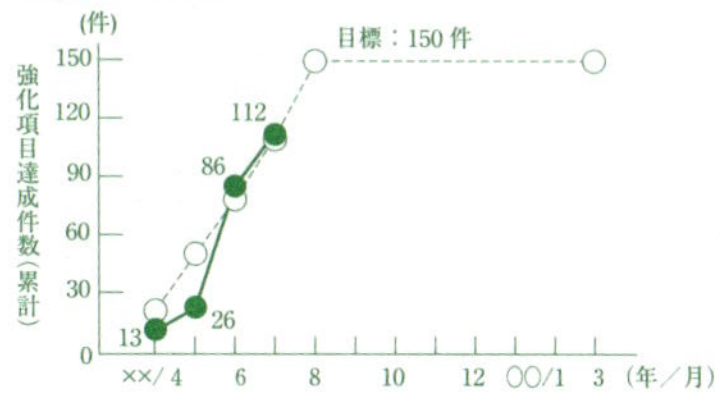

図1 強化項目達成件数(累計)

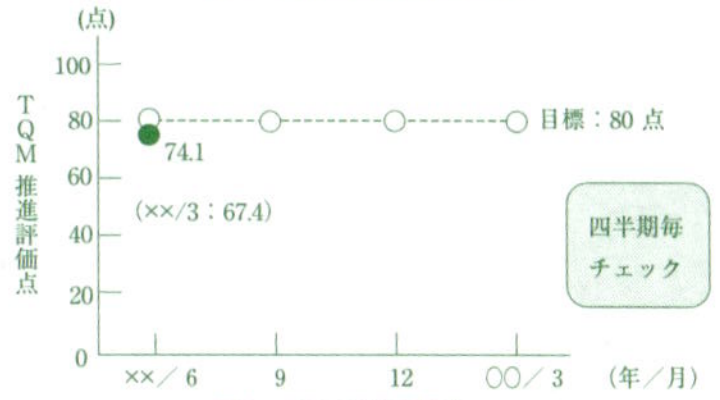

図2 TQM推進評価点

図 2.4-1 活動フォローアップ書

である．これにより改善活動のプロセスの評価，フォローアップができる．
(3) "反省・問題点"は，まず管理項目の目標に対して達成できたか否かについて，実施内容と対照し，相関を明確にすることがポイントになる．この見方で活動の問題点と目標未達の原因を解析し，その対策を翌月の計画でフォローアップできるようにする．

この帳票の活用により，管理の考えが身について管理レベルが向上し，部門の方策が確実に実践されるようになる．また，方策の適切性や有効性が活動の途中段階でも検証でき，効果的な処置がとれる．

事例 2.4-2　年度経営計画の社長診断：「社長診断指摘事項改善計画・実施報告書」

◆ 事例の目的 ◆

部門の実施計画のフォローアップのほかに，年度社長方針の達成状況の全体について経営者自らが診断し，活動の問題点に的確な処置をとることによって，経営活動をより活発にできる．

「社長診断」のしくみを取り入れて実施するのが効果的である．社長診断の指摘事項についてもしっかり改善し，経営活動の実効をあげていく必要がある．

これにより，社長診断が指摘のみで終わることなく，活動の問題点に対して原因が明確になり，それを改善していくことで確実にフォローアップできる．

◆ 事例の解説 ◆

「社長診断指摘事項改善計画・実施報告書」を，図 2.4-2 に示す．
本事例は，社長診断の指摘事項に対して，改善計画として改善対策事

社長診断指摘事項 改善計画・実施報告書

診断名称	第2回 社長診断	部署名	総務部	改善計画作成日 20xx年2月2日		実施結果作成日 20xx年6月28日		受付No.
診断受診	20xx年1月26日	責任者	松尾 隆	認 TQM推進室長 / 部長 / ㊞西 ㊞02 ㊞02 / 作成者 ㊞松尾	報告先 社長	承 TQM推進室長 / 部長 / ㊞平 ㊞06.28 ㊞06.28	作成者 ㊞松尾	
診断者名	半田 孝							

| No. | 診断指摘事項 | 改善対策事項 | 改善計画 | | | | | 実施結果（診断3カ月後の状況） | | | |
			管理項目	現状値	目標値	期限	担当	対策実施状況	達成度評価	残された課題
1	個人別の自己啓発内容を反映する教育計画・しくみがない。	個人の自己啓発を調査することにより、しくみを構築することにより、自己申告の希望に沿った教育計画を策定する。	—	—	—	XX.4.30	松尾	教育個人別計画・実績表により自己申告を調査し教育計画に反映した。	100%	—
2	一般管理費における超過・余剰見込み科目について把握を行うしくみがない。	予算超過・余剰分を把握するしくみを構築する。	—	—	—	XX.4.30	松尾	予算管理表の改訂により、未確定経費の把握を行うしくみを強化した。	80%	予算管理表のネットワーク化により情報のスピードアップを図る。

記入事項
1) 診断指摘事項：診断診断記録の指摘事項を中心にまとめる
2) 改善対策事項：指摘事項を基に要因を検討して、改善すべき内容を具体的にする
3) 管理項目：改善のねらい
4) 現状値：管理項目の現在の値を入れる
5) 目標値：改善の目標とする管理項目の値を決める
6) 期限：改善予定日を入れる（原則として診断後3カ月以内）
7) 対策実施状況：診断事項の実施状況を書く
8) 達成度評価：管理項目の目標値の達成度を％で記入する
9) 残された課題：改善の結果残った課題、実期計画に反映すべき内容を書く

図 2.4-2 社長診断指摘事項改善計画・実施報告書

項,管理項目の現状値,改善の目標値などを明確にして実施するものである.また,改善結果についても,対策の実施状況,達成度評価,残された課題を明確にし,社長に報告する帳票になっている.

改善は,社長診断のサイクルに合わせ,次回の診断までの3カ月以内に完了させることを意図している.

この帳票の活用により,社長診断の指摘事項が確実に改善され,経営活動を効果的に推進できるようになる.

■2.5 年度計画実施の評価

経営方針は,年度目標が達成されればそれでよしとするのではなく,長期的な観点で継続的に目標を達成するものである.

年度計画の実施結果について客観的に評価を行い,次年度の課題を明確にして管理のサイクルをしっかり回すことが経営方針の達成につながる.

事例2.5 年度計画実施の期末反省:「方針管理期末反省書」

事例の目的

経営方針達成のために計画で定めた事項がどう実施され,目標にどれだけ到達できたかを明確に評価して,的確な処置を行うことが方針管理のうえで重要である.

年度計画において目標に掲げた管理項目の指標ごとに達成状況を把握して,未達であればその問題点について,計画で定めた方策の実施状況と対応させ,原因を解析し,次年度の計画に反映させることが方針管理のポイントである.

方策の実施状況と目標の達成度の関係について，「定めた方策が目標達成の手段として効果的であったかどうか」，「相関性があるか」を明確にすることが解析のうえで重要である．

　効果的な方策でなかったとすれば，次年度はさらによい重点方策の決定につなげる必要があり，方策策定のレベルを上げることで目標達成力が向上する．このためには，定めた方策を計画どおり実践することが前提条件であり，方策の内容や実施状況が不明であれば次年度の効果的な重点方策を設定できない．

　以上のような考え方で年度計画実施の評価を行い，次年度への活動課題を明確にして管理のサイクルを回すことにより，より効果的な方策の設定と活動レベルの向上につながり，経営目標の達成が確実になる．

―――◆ **事例の解説** ◆―――

　図 2.5 に示すのが年度計画実施の評価・反省を行う事例「方針管理期末反省書」である．年度計画の実施結果について経営目標の達成状況を把握し，重点方策との関係を明確にして反省を行う．これを次年度の活動課題に反映し管理のレベルを向上させることが重要である．

(1) "具体的実施事項に対する目標値・実績推移(達成評価)"で，年度経営目標の達成状況について管理項目の目標値ごとに実績をプロットする．この結果，目標の達成度が把握でき，目標未達について問題点が明確になる．

(2) "主な改善内容と具体的成果(問題点の解析)"では，問題点を明確にして解析するために，方策の実施事項，改善内容と具体的成果を記述し，管理項目の月次目標に対する実績と対比する．

　"方策の実施状況"は，図 2.4-1「活動フォローアップ書」(p.30)の主な事項を転記し，"改善内容と具体的成果"は，業務改善事項と管理のしくみ・ツールの制定など改善のアウトプットを記述する．こ

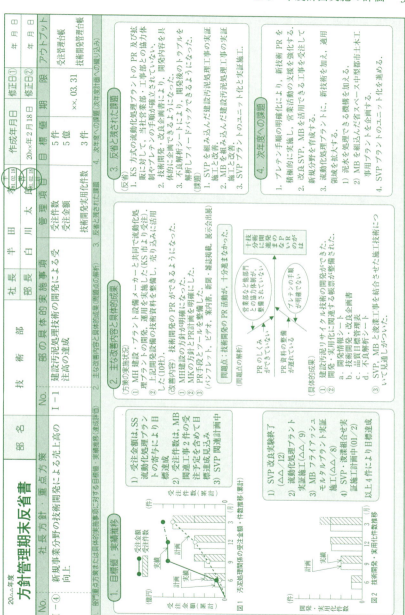

図2.5　方針管理期末反省書

の結果，目標未達と活動上の問題点の原因について明確な根拠で解析できる．

(3) "反省と残された課題"では，重点方策として設定した具体的実施事項について，反省点を記述する．反省点には良かった点も記述し，次年度に反映できるようにする．また課題については，この経営方針に対する長期的な観点を含めて記述する．

(4) 次年度への課題では，上記(3)をふまえて次年度中に実施すべき課題に絞り込み，方策を含め記述する．

この帳票の活用により，目標達成度と活動の関係が明確になる．実施した方策の有効性を客観的に評価することで，より効果的な重点方策の策定が可能となり，経営目標の達成力を向上できる．

3 日常管理

　日常管理とは,「各部門の担当業務について,その目的を効率的に達成するために日常実施しなければならないすべての活動であって,現状を維持する活動を基本とするが,さらに好ましい状態へ改善する活動も含まれる」と定義されている.

　いかなる組織における活動であっても,従来から行われてきた仕事のやり方が継続されている場合が大部分であり,日常管理では,このやり方を確実に実施して仕事の質を一定に保ち,現状を維持していくことが重要となる.

　日常管理と方針管理は,組織経営における車の両輪として表裏一体の活動であり,両者が同時並行的に遂行されている.注意しなければならないことは,TQM活動において,組織における方針達成のための活動に多くの努力が払われるが,各組織の本来業務である日常の仕事に対する管理努力がおろそかにならないようにすることである.方針管理を進める土台として日常管理が不可欠であることを強く認識し,日常管理の考え方を組織の全員へ周知するとともに,日常管理を支えるしくみの整備を怠らないことである.

　日常管理の進め方の基本は,以下のとおりである.
(1) 組織が果たす役割に基づき,一人ひとりが日々行う仕事を明確化する.いつでも,誰もが迷うことなく,ばらつきの少ない安定した仕事

ができるように，仕事のやり方を一般的には標準類で定め，必要に応じて教育・訓練を行う(Standard)．
(2) 標準類を遵守し，標準類で決められたことは，決められたとおりに実施する(Do)．
(3) あらかじめ決められた方法と日程・頻度で，仕事の経過・できばえを確認する(Check)．
(4) 確認の結果，管理限界を超えた異常なものに対し，発生したトラブルを除去する応急処置を行うとともに，トラブルを発生させた原因を事実・データで追究し，同じ過ちを繰り返さないように再発防止処置を行う(Act)．

　本章の主な内容は，「業務内容と管理項目の明確化」(3.2)において業務の機能展開により管理項目を設定し，「管理項目の実績管理」(3.3)によりフォローアップを行うしくみとなっている．

　日常管理において，PDCA(管理)のサイクルを効果的に回すことにより，組織的に知識を蓄積し，伝承していくための好循環が可能になり，効率的かつ恒久的に組織の存在価値を高めていくうえでの基盤を固めることができる．

■3.1　日常管理システムの構築

　日常管理を確実に実践するには，必要なプロセスの明確化，および管理ツールを体系的に整備し，管理システムとして構築する必要がある．
　図3.1に，MK建設㈱における「日常管理体系図」を示す．

事例3.1　日常管理システムの構築：「日常管理体系図」

◆ 事例の目的 ◆

「日常管理体系図」(p.31)は，業務分掌にもとづく作業・業務の実施，および方針管理による改善効果を維持管理する活動に加えて，日常改善活動，異常処置活動を実践するためのしくみを構築し，実践することを

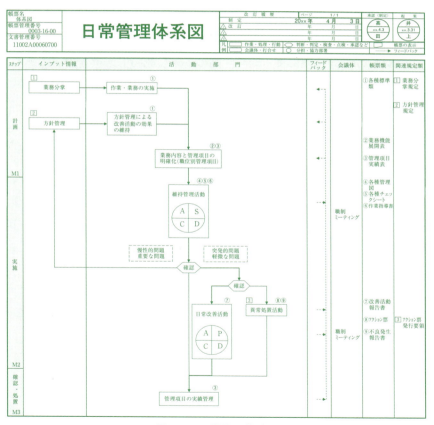

図3.1　日常管理体系図

目的としている.

　日常管理のプロセスを各ステップに区切ってフロー図で示し，業務内容を明確にして，関連規定・帳票などの標準類を定めている.

―――◆ 事例の解説 ◆―――

(1) 縦軸の"ステップ"は，"計画"，"実施"，"確認・処置"の3段階に区切って，日常管理プロセスの一連の活動を示すものである.
(2) 横軸の"インプット情報"では，日常管理に必要な情報として，"業務分掌""方針管理"を示している.
(3) 横軸の"活動部門"の図中に示した ・・・ （例えば，「作業・業務の実施」「方針管理による改善活動の効果の維持」）が業務内容である.
(4) "フィードバック"は，情報のフィードバックルートを示し，活動結果を次の計画に反映するPDCAのC，Aに該当する.
(5) "会議体"は，日常管理に関する情報交換などのコミュニケーション手段を示している.
(6) "帳票類"は，活動の結果・アウトプットを示す記録帳票の名称を記載している.
(7) "関連規定類"は，活動の具体的な手順と責任・権限などを定めた規定・要領の名称を記載している.

　「日常管理体系図」(p.31)により，作業標準などに定めたプロセスの確実な実施とともに，慢性的な問題，突発的な問題などに対する迅速な改善が可能になり，重大トラブル防止をはじめとした経営目標達成に寄与することができる.

■3.2　業務内容と管理項目の明確化

> 事例 3.2　業務機能と管理項目の明確化：「業務機能展開表」

　日常管理を進めるうえで各部署の業務内容を機能別に抽出し，それぞれにおいて管理項目を設定し，業務の改善を進める必要がある．

　"管理項目"とは，「部門（あるいは個人）の担当する業務について，目的どおりに実施されているかを判断し，必要な処置をとるために定めた項目（尺度）」のことである．

　本事例ではQ(品質)・C(コスト)・D(納期)・S(安全)・M(モラール)・E(環境)の機能別に業務を展開し，管理のやり方を明確にすることを目的としている．

　これにより，各部署の分掌業務が漏れなく顕在化され，各業務に対する管理項目・帳票・標準類との関係が明確となって日常管理を確実に実施できる．

◆ 事例の解説 ◆

　図3.2に「業務機能展開表」を示す．

　本事例は，日常業務を機能別に区分し，目的→手段(目的)→手段…で機能展開を行い，管理項目・帳票・標準類との関係を表にしたものである．

(1)　業務の機能展開
　　① 基本機能から4次機能まで展開する．
　　② 「□□を△△する」の形で端的に表現する．表現は，「見直す・徹底する・定着する」ではなく，「作成する・実施する・点検する」

業務機能展開表

					作成	改訂①	改訂②	改訂③
部名					20××.1.8	20××.3.19		
	TQM推進室							

承認: (03.19) 組: (03.19)

1/5

基本機能	1次機能	2次機能	3次機能	4次機能	アウトプット（帳票）	担当者 1・2次機能	担当者 3・4次機能	管理項目 1・2次機能	管理項目 3・4次機能
TQM活動の推進により経営課題の達成を図る	経営課題解決のための経営施策の重点を決定する	中期経営目標を定める	経営課題を明確にする	中期経営ビジョン案をまとめる 業績目標・経営指標を確認する 経営課題・問題点を提示する	中期経営ビジョン（案） 経営課題提示表 重点施策（案） 中期経営計画書	西村		問題点提示件数	
			重点施策を決める	重点施策の原案を開催する 中期経営計画書の原案を作成する					
	経営課題解決の重点施策を年度施策に展開する	年度社長方針を周知させる	各部実施計画の絞り込み事項を決定する	中期経営計画のローリング案を提示する 期末反省書のまとめをする 年度社長方針の原案をまとめる	年度重点施策（案） 年度社長方針末反省書（案） 年度社長方針書（案） 年度計画書実施事項比較込表	西村		(社長方針との整合性) (重点方策の具体性) (管理項目の適切性)	
			実施計画を決定する	各部の実施計画書をまとめる 各部の改善テーマをまとめる 年度計画の整合・すり合わせを行う	実施計画書 改善テーマ設定書 方針合わせマトリックス表				
		年度方針達成の活動を推進する	方策を実施する	活動実施のフォローアップをする 活動をフォローアップする	活動フォローアップ表 TQM活動の実施記録表	西村		経営課題解決件数 管理項目目標達成率 管理レベル評価点	管理者テーマ完了件数 改善活動評価点 手法活用件数 (活動支援の適切性)
			改善活動を活発化する	改善活動の進捗を把握する 改善活動の問題点を明確にする 活動のアドバイス・支援を行う 改善事例のまとめを指導する QC発表会による啓発を行う	改善活動事例集		須藤		
		社長診断により評価・処置を施す	活動の評価を行う	QC発表会によるセルフアップを推進する 診断計画を起案する 診断の評価を支援する 指摘事項のまとめを行う 同上改善計画のまとめを取りまとめる 同上改善結果の進捗・評価・FBを行う 同上社長報告を行う	管理レベル評価表 改善計画評価表・フィードバック表 社長診断スケジュール表 社長診断資料 社長診断評価表 社長診断記録 社長診断報告書 同上 社長診断指摘改善報告書	西村	佐々田	社長診断評価点	社長診断指摘件数
			社長診断を実施する	診断結果のフォローアップを行う	同上 社長診断指摘改善報告書		須藤		
	年度TQM推進計画を設定する	活動項目・推進計画を明確にする	機能別重点活動を明確にする	前年度の活動経過をまとめる 機能別の問題点を明確にする 経営課題・問題点を提示する 重点施策の検討会議を開催する	TQM活動経過書 機能別問題点整理表	西村	須藤	(問題点の明確性) (活動内容の適切性) (計画の明確性)	社長診断指摘件数 同標準化件数

図3.2　業務機能展開表

とする.
　　×；技術講習会に参加する　→　○；□□技術を習得する
③　基本機能を出し，"目的"→"手段"と，機能を展開する方策展開型とする．各機能は独立していること(オーバーラップは避ける)．品質・コスト・量・納期・安全・モラール・環境などの観点から検討する．
④　機能は1つの意味の表示とする(1つの文章の中に，2つ以上の意味を含めない)．
⑤　仕事の流れと機能展開の混同を避ける．

(2) 機能展開における管理項目
① 　1・2次機能，3・4次機能に着眼した管理項目を抽出する．
②　自分の仕事そのものではなく，何をよくするために仕事を行っているかという仕事のねらい(できばえ)を尺度で表す．
③　上がったらよいのか，下がったらよいのか，はっきり目標の立つ特性(値)を設定する．
④　わかりやすいように「□□情報件数」，「△△クレーム件数」という固有名詞で設定する．
　　例；(避けたい表現)　　　　(望ましい表現)
　　　　予算達成率　　→　　工事費回収率
　　　　経費達成率　　→　　受注高当たりの経費(または経費率)
目標に対する達成率を管理項目に設定することは好ましくない．それは，目標値を低めにしておくと100%達成が可能となるので，達成率を上げることよりも，目標設定時になるべく目標値を低くすることに汲々とする恐れが強いためである．

この帳票の活用により，具体的な業務内容・責任職位・管理項目が明確になり，日常管理において実施すべき業務の改善項目も明確にできる．

■3.3 管理項目の実績管理

> 事例 3.3　管理項目の実績管理：「管理項目実績表」

───◆ 事例の目的 ◆───

　日常業務における管理の維持・改善を進めるうえで，管理項目の実績管理を確実に行うことが必要である．

　本事例では，各管理項目の月別推移および評価を行い，管理の維持と業務改善の進捗状況を把握することを目的としている．

　これにより，月次で管理項目の達成状況が把握でき，的確にアクションがとれるようになり，短期で業務改善が進められ管理を維持することができる．

───◆ 事例の解説 ◆───

　図3.3に「管理項目実績表」を示す．

　各管理項目の目標値に対する実績を月次でフォローし，未達項目においては原因を明確にし確実にアクションをとることが重要である．

(1)　管理項目は方針管理または日常管理に区分し，また"改善"であるのか"維持"であるのかを区分しておくことがポイントである．"改善"の場合には目標値を，"維持"の場合は上限・下限で管理の幅を示す．

(2)　活動の"評価"は記号などでわかりやすくし，進捗状況を把握できるようにする．

　この帳票の活用により，各部署の活動結果が具体的に評価できるようになり，各管理項目だけでなく部署別達成状況も比較することができ，全社的観点でアクションがとれる．

3.3 管理項目の実績管理

管理項目実績表　　　　　TQM推進室

番号	管理項目	区分 方管	区分 日管	目標値		4月	5月	6月	7月	8月	9月
1	経営課題達成件数	■		21件	目　標	3	5	7	9	11	13
					当月実績	4	3	7	0		
					累計実績	4	7	14	14		
					評　価	◎	◎	◎	◎		
2	年度方針管理項目達成率	■		70%	目　標	60	65	70	70	70	70
					当月実績	68.7	73.5	76.1	68.1		
					累計実績	—	—	—	—		
					評　価	◎	◎	◎	×		
3	管理者テーマ完了件数	■		64件	目　標	5	10	15	20	25	30
					当月実績	4	6	5	3		
					累計実績	4	10	15	18		
					評　価	×	◯	◯	×		
4	改善活動レベル評価点	■		90点	目　標	90	90	90	90	90	90
					当月実績	89	87	90	☆		
					累計実績	—	—	—	—		
					評　価	×	×	◯	—		
5	社長診断指摘改善件数		□	45件	目　標	3±2	6±2	10±2	14±2	21±2	28±2
					当月実績	4	0	4	2		
					累計実績	4	4	8	10		
					評　価	◎	◎	◎	×		
6	重点活動改善件数	■		80件	目　標	10	20	40	60	80	80
					当月実績	30	5	40	13		
					累計実績	30	35	75	88		
					評　価	◎	◎	◎	◎		
7	ＴＱＭ推進評価点	■		80点	目　標			80			80
					当月実績	67.4	☆	74.1	☆		
					累計実績	(××/3)	—	—	—		
					評　価	—	—	×	—		
8	品質管理教育履修率		□	81%	目　標	26±3	39±3	52±3	70±3	76±3	79±3
					当月実績	29	6	13	15		
					累計実績	29	35	48	63		
					評　価	◎	×	×	×		
9	標準類制改廃件数	■		200件	目　標	20	40	60	80	90	100
					当月実績	101	59	15	26		
					累計実績	101	160	175	201		
					評　価	◎	◎	◎	◎		
10	顧客満足度評価点	■		4.0点	目　標			4			4
					当月実績	☆	☆	4.37	☆		
					累計実績	—	—	—	—		
					評　価	—	—	◎	—		
11	業務改善件数		■	120件	目　標	5	10	20	30	40	50
					当月実績	15	18	20	5		
					累計実績	15	33	53	58		
					評　価	◎	◎	◎	◎		
12	改善提案件数		□	120件	目　標	10±5	20±5	30±5	40±5	50±5	60±5
					当月実績	5	9	16	8		
					累計実績	5	14	30	38		
					評　価	◎	×	◎	◎		
	目標達成率(%)					80	70	83.3	55.6		

(注)　［評価欄の記号］・月別目標比：達　成＝◎，未　達＝×
　　　　　　　　　　・活動の進捗：完　了＝●，試行中＝△，準備中＝☆，未着手＝※
　　　［区　　　分］管理項目が日常管理のものか，方針管理かを区分する．そして，改善の管理項目の場合は■，維持の管理項目は□で表す．
　　　［目　標　値］改善の場合は改善の目標値を，維持の場合は上限◯◯〜下限◯◯の幅で示す．

図 3.3　管理項目実績表

4 人材開発

"人"は経営資源の最も重要な要素である．企業を発展させるためには，個々の能力を向上させるための教育・訓練体制を整備し，技術の伝承も効率よく行うことが不可欠である．また，適材適所への配置により，一人ひとりが自己実現を図ることができるしくみも必要である．

本章では，「教育管理システムの構築」(4.1)における管理のしくみを，次節以降に詳述している．その内容は，「教育の体系化」(4.2)により人材開発のビジョンを明確にし，年度ごとの社会環境，企業および個人のニーズを「教育ニーズの明確化」(4.3)に織り込み，重要なニーズを「年度教育・訓練計画の策定」(4.4)に反映させている．

次いで，「教育・訓練の実施」(4.5)により教育実施記録を共有化し，「スタッフの能力評価および習熟度の明確化」(4.6)において各スタッフの力量を把握し，次期教育計画および人員配置計画へのフィードバックを確実に行い，個々の能力を高め，最大に発揮できるしくみとなっている．

4.1 教育管理システムの構築

事例 4.1　教育管理システムの構築：「教育体系図」

◆ 事例の目的 ◆

　教育・訓練を実践するにあたり，計画の立案，実施，評価，処置までの管理システムを構築する必要がある．

　本事例では，教育・訓練における管理の手順をフロー図で示し，組織内の役割分担および使用する標準・帳票類との関係を明確にすることを目的としている．

　これにより，教育・訓練の実践を確実に，かつ効率的に進めることが可能になり，全部門に対して業務処理の方法を簡単明瞭に説明できる．

◆ 事例の解説 ◆

　図 4.1 に「教育体系図」を示す．

　この図では，教育の PDCA（管理）のサイクルを縦軸のステップに，横軸には組織内の関連部門，会議体，帳票，標準類を示し，実施の各手順と組織の役割分担を明確にしている．

(1) "計画（E1）" にあたっては，「年度経営計画の策定」(2.3) における重点施策を織り込む必要がある．このほかに社会環境，日常業務などから教育ニーズを絞り込み，教育計画を設定する．

(2) "教育・訓練（E2）" においては，教育計画を具体的に実践する手順を明確にしている．ここで改善活動に対する指導・支援を "社内 QC 教育" に位置付けることにより，業務改善に密着した教育・訓練を実施することができる．

(3) "評価（E3）" および "処置（E4）" では，教育実施記録および改善

4.1 教育管理システムの構築　49

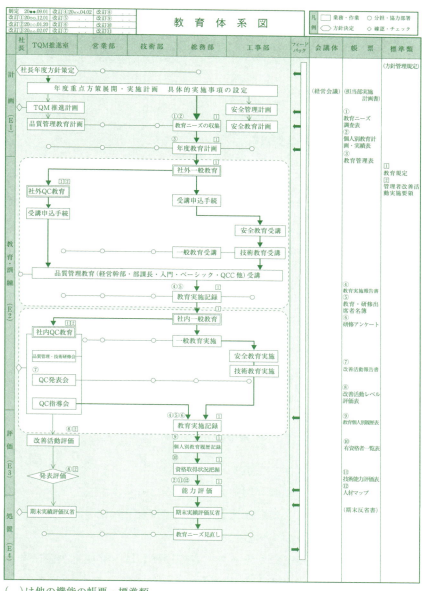

(　)は他の機能の帳票・標準類

図 4.1　教育体系図

活動発表をもとにスタッフの能力を評価することにより，不足する能力を把握し，教育ニーズの見直しに反映させる．この結果，次年度により効果的な教育計画を設定でき，能力開発を効率的に推進することができる．

■4.2 教育の体系化

> 事例 4.2　教育の体系化：「教育構成図」

―――◆ 事例の目的 ◆―――

人材開発のしくみを構築するためには，必要な人材を明確にし，そのために必要な教育・訓練のビジョンを描くことが大切である．

本事例は，階層別に，求める人材，およびそのために必要な教育・訓練を体系化することにより，関連部門への周知を図ることを目的としている．

これにより，全部門が長期的に会得すべき能力を理解し，課題を克服するために目的意識をもって教育・訓練に参画することができる．

―――◆ 事例の解説 ◆―――

図 4.2 に「教育構成図」を示す．

関連部門への教育・訓練の周知徹底を図るためには，マトリックス図を用いて各階層ごとに必要な能力と教育・訓練を一覧化し，わかりやすい内容とすることが重要である．

(1)　新入社員から役員にいたるまで，各階層における機能を明確にすることにより，必要な能力と育成ポイントが抽出できる．"ねらい"には抽出した管理能力・専門能力などを記載する．

4.2 教育の体系化　51

資格	職能段階	標 準 機 能	対する職位	各段階における人材育成の基本（ねらい）	管理業務教育	集 合 教 育（TQM（品質管理教育））		ISO教育	情報化教育	集合教育　技術教育	集合教育（職能別）　安全衛生教育	職場教育	自己啓発
						社内	社外						
正社員	経営管理段階	経営レベルでの意志決定に参画し得る能力	役員	コンセプチュアルスキル育成期		社内TQM発表会	経営幹部特別コース / 経営幹部・部課長コース / 営業コース / 他	方針管理セミナー / 品質機能展開コース / 実験計画法ベーシックコース / FMEA・FTA	内部監査員養成コース / QMS・EMS・ISMSの理解と維持管理研修*1	Wordなどexcel講習会 / グループウェア操作講習会	技術資格取得講習 / 一般技術研修	法定資格取得講習	OJT	改善提案制度 / 参考図書紹介 / 通信教育斡旋
	部門専門管理段階	上級管理者として業務を完遂する能力 / 業務に関する相当高度の調査・研究・企画立案・渉外ができる能力	所長・部長	テクニカルスキル育成期	管理者研修 / 部課長としてのマネジメント、視野・視点の拡大								
	指導・多能・熟練機能	高度熟練業務、初級業務を通じての業務に精通し、連行にあたり先任として部下を指導・監督できる能力	課長・部長				中堅社員コース / QCサークル推進者コース						
	熟練段階	高度熟練業務に精通し、独立して担当できる能力 / 具体的計画を立て、下に処理指示をさせる能力	課長代理・主任		10年次社員研修 / 事務管理業務の基本		QC入門コース / QCサークルリーダーコース						
	基礎応用熟練段階	定められた標準により取扱かつ普通程度の創意をもって普通業務を処理し、日常一般業務を処理する能力			5年次技術研修 / 標準類と型の理解								
	基礎適応段階	ある程度の半熟練業務・監督のもとに初歩的技術・知識でもって定型的業務を行う能力			新入社員研修 / 社員心構え / 基本業務の理解・施工の基礎知識								
協力会社		直接的指示・知識で単純かつ定型的な業務の補助作業を行う能力 / 自主管理能力										安全作業研修 / 作業新現場改善者教育	

*1　ISO社内研修会、品質マネジメントシステム説明会、各部署ドキュメントチェックを指す

図4.2　教育構成図

4　人材開発

(2) 上記(1)における能力を開発するために必要な教育をリストアップする．
(3) 教育対象は社員だけではない．協力関係にある企業のスタッフに対する内容も網羅されていることが必要である．

　この帳票を社内で共有化することにより，社内外を含めたすべての職位，全スタッフが常に能力向上のために取り組むべき教育を把握することができる．

■4.3　教育ニーズの明確化

> 事例4.3-1　部署における教育ニーズの明確化：「教育ニーズ調査表」

──────◆ 事例の目的 ◆──────

　社会環境，先端技術，およびトップの方針など，教育ニーズは多角的にタイムリーに先取りする必要がある．また，教育計画立案時において，教育ニーズの優劣を事前に検討することにより，過大・過小な計画立案を回避することができる．

　本事例は，各方面からの教育ニーズに関する情報を集約・整理し，優先度の高い内容は必ず教育計画に反映することを目的としている．

　これにより，必要な教育内容，および優先度が明確になり，効率的な教育計画を立案できるようになる．

──────◆ 事例の解説 ◆──────

　図4.3-1に「教育ニーズ調査表」を示す．
　MK建設㈱においては，各部ごとにこの帳票を作成することで，各方面より必要な情報を収集している．

4.3 教育ニーズの明確化　53

教育ニーズ調査表

| 作成部門 | 工事部 | 作成日 | 20××年3月24日 |

総務部長：松尾 ××.03.25 確認・承認
部長：辻井 ××.03.24 作成

1．前期の期末反省からの主な課題

項目	施策	管理項目	目標値	実績	差異	課題
1	施工に関する資格取得支援体制を強化することにより、有資格者の増員を図る。	資格取得増員数				・未受講者1名は来期へ ・各地域機関の講習、受講日に対応する地方の受験講座の調査
		一級土木施工管理技士	1名	0名	▲1名	
		二級土木施工管理技士	5名	1名	▲4名	

2．社会環境からの資格取得に関わる主な課題

(1) 環境改善に関する技術が求められていることから、産業廃棄物関係の資格取得支援強化を図る。

3．トップの指示，または日常業務からの主な課題

(1) 技術標準、作業標準教育の充実を図る。
(2) 基礎処理、薬注に関する有資格者の高齢化が進んでいることから、若手の資格取得が急務である。
(3) 新たなグループウェア導入に伴い操作教育が必要である。
(4) 通信業務を電子メールへ移行することから、定着化対応を推進する。

4．技術開発からの課題

(1) SVP、流動化処理に伴う資格取得が必要である。

5．業績目標・中期計画・年度計画などからの課題

(1) 国家資格取得率、品質管理教育履修率を向上する。
(2) ISO 9001：2015への移行に伴い、品質マネジメントシステムの改善が必要である。
(3) ISO 9001：2015への移行に伴い、内部品質監査員の再教育が必要である。

上記1～5の各課題の中から、部門の教育課題を絞り込む。
絞り込んだ教育課題について、年度の教育ニーズを明確にし、年度の教育計画を決定する。

No.	教育ニーズ抽出表	優先度	計画案	備考
1	品質マネジメントシステムの改善	A	10月～	
2	内部品質監査員のブラッシュアップ	A	10月～	4名
3	技術資格の取得	A	6月～	
4	社内技術教育	A	5月～	
5	職長教育	B	2月～	

優先度
A：至急具体化へ
B：要計画
C：要検討

計画案
計画時期を記入

図4.3-1　教育ニーズ調査表

(1) "前期の期末反省からの主な課題"として，社会環境・業績目標・日常業務などから具体的な要素に分けて調査を実施する．
(2) 抽出された課題から教育ニーズをリストアップする．ここでのポイントは"優先度"において，各ニーズの重要性を明確にすることである．

この帳票の活用により，時代の変化や会社方針に適応した，無理のない教育計画が立案できるようになる．

事例 4.3-2　個人別教育ニーズの明確化：「個人別教育計画・実績表」

◆ 事例の目的 ◆

教育ニーズには，部署だけではなく個人が求めるものも顕在化し，教育計画に織り込むことが必要である．スタッフの自発的な教育ニーズを尊重し，必要な教育・訓練を実施することは，社内の士気・意欲を生み出すことになる．

本事例は，企業の教育計画を個人別に展開し，各自で PDCA を回すことによりスキルアップを図ることを目的としている．

これにより，自己申告の内容を確実に教育計画に反映でき，各部門が納得して計画を実行することができる．

◆ 事例の解説 ◆

図 4.3-2 に「個人別教育計画・実績表」を示す．

図 4.3-1 の「教育ニーズ調査表」(p.53)を用いて，企業にとって必要な教育ニーズを設定したが，これを個人別に展開することが必要である．
(1) "自己申告"は場当たり的なものではなく，後述の「スタッフの能力評価および習熟度の明確化」(4.6)において分析した結果から課題を

4.3 教育ニーズの明確化　55

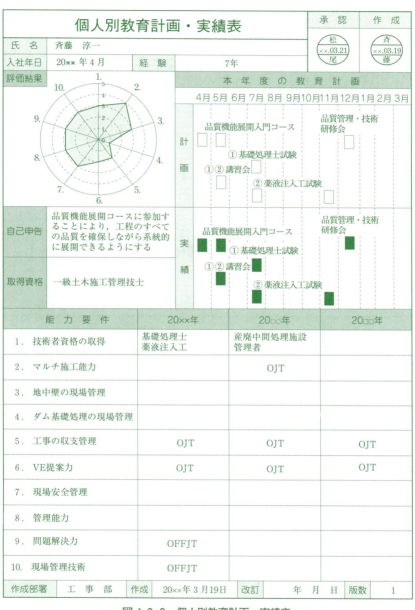

図4.3-2　個人別教育計画・実績表

抽出することが肝要である．
(2) 各"能力要件"に対し，3年先までのニーズを明確にし，年度ごとに記載する（毎年ローリングする）．集合教育だけではなく，OJT（On the Job Training），つまり日常の職場の中で業務を遂行しながら上司が部下を育成する教育・訓練も記載しておく．
(3) 本年度の教育計画に対して実績を追記し，次年度の教育計画に反映させる．

この帳票の活用により，スタッフの自主性・創造性が教育計画に反映でき，自己実現が図れるようになる．

■4.4 年度教育・訓練計画の策定

事例 4.4　年度教育・訓練計画の策定：「教育管理表」

◆ 事例の目的 ◆

教育ニーズをもとに年度の教育計画を策定した後，関連部署へ情報を伝達し，実施状況を管理することにより，教育・訓練を計画どおりに行うことが重要である．

本事例では月別の教育計画を作成し，最新版の配付による関連部署への周知，および実績管理による履修率向上を目的としている．

これにより，計画した教育・訓練が確実に実施できるようになる．

◆ 事例の解説 ◆

図 4.4 に「教育管理表」を示す．

MK 建設㈱では，教育統括部門が教育ニーズ（各部署・自己申告）をもとに全社の「教育管理表」を一括して作成している．組織が大きい場合

4.4 年度教育・訓練計画の策定

20xx年度 教育管理表

(参年度、年は全て西暦表示)

					総務部長	作成		総務部長	作成者
					松 xx.03.30	改訂1		松 xx.03.24	新 xx.03.22 出
					尾 時澤部	改訂2		尾 計画書 承認	作成

表I. 資格・免許取得計画

No.	資格・免許取得名称	人数	計画 実績	20xx年											20○○年			受験日	受験詳細 取得先	20xx年 3月23日 結果	主催部署名
				4	5	6	7	8	9	10	11	12	1	2	3					
1	一級土木施工管理技士	1名	計画				1			(1)						予備xx.7.4 実技xx.10.3	建設業技術者 センター	山田合格	工事部
			実績				1			(1)									
2	二級土木施工管理技士	5名	計画				5					(1)				xx.7.18	建設業技術者 センター	高橋合格	工事部
			実績				1					1							
3	乾燥設備作業主任者 技能講習	3名	計画			3										xx.6.22~ xx.6.23	建設機械協会	鈴木・田中 石田合格	工事部
			実績			3													
4	基礎施工士	5名	計画								5					xx.11.13	日本基礎建設 協会	全員未受験	工事部
			実績								0								
5	薬液注入技士	4名	計画			4										xx.7.18	建設業技術者 センター	渋谷・目黒合格	工事部
			実績			2													
6	フォークリフト運転 技能講習	3名	計画					3								xx.9.26	東京労働基準 協会	青木・小中 吉田合格	工事部
			実績					3											

表II. 社員教育・社外教育実施計画

No.	教育・研修実施名称 (コース名)	社内 社外	計画 実績	全体	TQM	総務部	営業部	工事部							20xx年			主催部署名
								4	5	6	7	8	9	10	11	12	1	2	3
1	品質管理・技術研修会	社内	計画	29	4	3	6	16		9	20							工事部 TQM推進室
			実績	29	4	3	6	16		9	20							
2	新入社員研修	社内	計画	1				1	1									総務部
		社外	実績	1				1	1									
3	店社安全衛生管理 専門講座	社外	計画	2				2	2									工事部
			実績	2				2	2									

図4.4 教育管理表

は，各部署が「教育管理表」を作成し，一括承認する形がよい．

(1) "資格・免許取得計画"において，名称・実施時期および人数・試験日・取得先を記載する．また，"社員教育・社外教育"においては，名称・実施時期および人数・主管部署などを記載する．これらを記入後，計画を確認・承認し，実績は月次に記入する．

(2) 実績確認時，計画未実施および未計画の教育・訓練についてはその原因を調査することがポイントである．

この帳票の活用により，教育計画と実績管理を一体化し，管理が簡便かつ確実になる．

■4.5 教育・訓練の実施

> 事例 4.5 教育・訓練の実施：「教育実施報告書」

―――◆ 事例の目的 ◆―――

教育計画に基づき実施された教育内容および参加者は，教育履歴として把握する必要がある．

本事例では，教育・訓練の実施状況を確実に記録し，教育履歴情報への登録および次期教育計画のデータに反映することを目的としている．

この事例をもとに教育履歴を資格別・教育別・個人別に整理することにより，全社の資格取得状況および教育履修状況が把握・共有化できるようになる．

―――◆ 事例の解説 ◆―――

教育主催部署は，図4.5の「教育実施報告書」に出席者名簿・研修資料・アンケートを添えて教育統括部門に提出している．

4.5 教育・訓練の実施

		総務部長	部　　長	担当者
	教育実施報告書	松尾 ××.04.13	須藤 ××.04.13	丸山 ××.04.12
		確認	確認 承認	作成

教育研修名	新入社員品質管理研修	実施区分	□社内 OJT　■社内 OFF-JT
主催部署名	TQM 推進室		□社外
講師名	西村・須藤	教育の分類	種　　類
実施日時	20××年　4月12日 9:00～18:30	管理業務 技能	□新入社員　□研修 □作業者　　□パソコン
場所	当社会議室	技術	□一般技術　□資格
参加者 (所属を併記) 注1).	工事部　佐々木　拓也 工事部　鈴木　昌弘 合計　2　人	安全衛生 品質管理 環境	□安全作業 □職長教育 □法定資格講習 ■ □
資料・教材 (別添可)	「社員導入ハンドブック」 「QC七つ道具」(細谷克也著)		
内容	① TQM について(ISO・方針管理含む) ② 改善活動について ③ 特性要因図 ④ パレート図(演習) ⑤ データの数量的まとめ方(平均値，標準偏差) ⑥ ヒストグラム(演習) ⑦ 研修のまとめ(事例紹介)		
記事	注1)．参加者の氏名(所属)を所定欄に記載しきれない場合は，別紙に記載し添付する．		
処理手順	① 主催部署は記録を作成し，所属部長が確認・承認する ② 総務部へ原本を提出する ③ 主催部署・関連部署は写しを保管する		

図 4.5　教育実施報告書

(1) 帳票記載事項以外に，特に研修においては資料およびアンケート分析結果をまとめ，反省点を次期教育カリキュラムへフィードバックすることがポイントである．
(2) 当帳票の情報をもとに有資格者および個人別教育実績の一覧表を作成し，社内で情報を共有する．

この帳票および添付資料により，教育実施記録として必要な要件を漏れなく記入できるようになる．

■4.6　スタッフの能力評価および習熟度の明確化

事例4.6-1　スタッフの能力評価：「技術能力評価表」

──◆ 事例の目的 ◆──

スタッフの専門技術能力および職場の管理技術能力は，教育実績・資格の有無だけでは評価できない．各技術において評価基準を設け，定量的に能力を評価するしくみが必要である．

本事例は，各技術において主にそのプロセスを評価することにより，スタッフの技術能力習熟度を明確にすることを目的としている．

これにより，各技術におけるスタッフの能力を把握するだけでなく，一定の基準で比較することができ，次期教育ニーズおよび人員配置におけるデータが得られる．

──◆ 事例の解説 ◆──

図4.6-1に「技術能力評価表」を示す．
期末に当帳票により能力評価を実施し，不足事項は次期教育計画に反映することが重要である．

4.6 スタッフの能力評価および習熟度の明確化

技術能力評価表

評価実施部署	工事部							承認 (H..02.23) 田中	作成 (H..02.20) 石黒	平均
			評価段階			斉藤	上村	本川	渋谷			

技術能力の名称	5点	4点	3点	2点	1点	斉藤	上村	本川	渋谷	田中	石黒	平均
品質向上	1. 技術者資格の取得	技術士・博士、ダム管理者などの取得	公害防止管理者などの資格取得レベル	1級土木施工管理取得レベル	2級土木施工取得レベル	公的資格なし	4	4	3	3	3	2	3.2
	2. マルチ施工能力	連続・基礎処理などの工種を施工できる	一部指導を受けその工種以上の施工計画で作れる	最低1工種の施工計画を作れる、課題解決能力がある	部分計画は作成できる、創意工夫による改善を進められる	指導を受けながら部分計画を作成できる	4	4	4	4	3	2	3.5
	3. 地中壁の計画・設計	関連法令を熟知し技術提案までできる	関連法令を理解し、技術指導ができる	地質等周辺条件を理解し計画に反映できる	数量・エレメント計画ができる	各種数量の算出ができる	3	3	4	4	4	2	3.3
	4. 地中壁の現場管理	豊富な施工経験を有し、大臣の突発事態に対処できる	関連法令を理解し、沿道・交通、現況に留意し、客先との交渉・代替案を作成できる	工程上の課題を抽出し改善運動を進められる	月間工程を作成し、材料・労力手配し、客先と打合せができる	日報を整理し、翌日の作業予定を作成し、下請と打合せができる	4	4	4	4	4	2	3.7
	5. ダム基礎処理の現場管理	ジャンピング・大量注入などの不調事態の処理ができ指導できる	データ解析による施工数量の管理ができる、機械配置ができる	施工数量の注入・様々な適合計画表を作成・運用できる	機器・工具に精通し職長などと機械配置ができる	各種現場立合ができる、日報のチェックができる	4	4	4	4	3	1	2.3
原価低減	6. ダム・グラウトのデータ解析	工法改善の処提案ができる	データをもとに設計見直しを指摘できる	工程、設計変更の提案ができる	追加数量に沿って追加の配置ができる	各種観測データを読み理解できる	4	4	2	2	1	1	2.3
	1. 工事の収支管理	工事原価を把握し、利益改善に手を打てる	工事原価を把握し、終了予測が立てられる	実行予算を一人で作成できる	出来高調書を作成できる	4	4	4	4	3	1	3.3
	2. 積算・調達業務	購買の価格交渉ができ、受注・発注契約を見極められる	購入機械の価格・性能情報を把握して新規工事の受注・発注・契約案を積算できる	新規工事について機能展開より課題発見をして改善提案を見つけられる	積算基準に沿って積算ができる	指導を受けながら積算提案書を作成する	5	4	5	3	3	1	3.5
	3. VE実力	幅広い知識と管理改善能力を有し、部下を指示し案を進められる	自分野の工事について機能展開力を有し改善提案を見つけられる	指導を受けながら機能展開し課題提案を発見できる	指導を受けながら改善提案を見つけられる	指導を受けながら改善提案を見つけられる	4	4	4	3	3	1	3.3
工期短縮	工期の短縮	人員計画、作業指示、工程管理指数の把握がなせる	工程能力と指数の把握ができ作業指示ができる	工程管理手法を使いこなせる	作業工程・手順書が書ける	作業簡単書が書ける	4	5	5	3	3	2	3.5
安全	現場安全管理	法定資格を保有し安全教育はできる方法が指導でき、安全取組前で定着取組前である(安衛法の知識)	安全教育はできる方法を把握し、最近改善取組前である(計画策定力)	施工計画書を作成し安全に工事を進められる(計画策定力)	作業工程・手順書を作成できる(危険状態の検出力、処置力)	現場巡回のポイントを把握している	4	4	5	4	4	1	3.5
士気	職場活性度評価点	評価点5点	評価点4点以上5点未満	評価点3点以上4点未満	評価点2点以上3点未満	評価点1点以上2点未満	4	4	4	4	3	1	3.5
管理技術	1. 管理能力	管理レベル評価点 80点以上	管理レベル評価点 70点以上80点未満	管理レベル評価点 60点以上70点未満	管理レベル評価点 50点以上60点未満	管理レベル評価点 40点以上50点未満	4	4	4	4	3	2	3.7
	2. 問題解決力	改善活動レベル評価点 80点以上	改善活動レベル評価点 70点以上80点未満	改善活動レベル評価点 60点以上70点未満	改善活動レベル評価点 50点以上60点未満	改善活動レベル評価点 40点以上50点未満	4	4	4	4	3	2	3.7
	3. 現場の管理技術	不具合の手順予防から管理まで具体化できる	不具合予防から管理まで具体化できる	日常業務の中で品質不具合を検証できる	整理のソフトを中級レベルで特別に使える	整理のソフトの基本力がある	4	4	4	4	3	2	3.7
	4. ICT活用力	ICTのほぼ全機能を自由に使いこなし指導ができる	パソコンのほとんどの必要なソフトはほとんど使いこなせる	必要なソフトを個別で使いこなせる	2～3種類のソフトを指導レベルで使える	2～3種類のソフトの基本力がある	3	3	3	3	3	1	2.6
						平均	3.9	3.9	3.8	3.4	3.2	1.5	

図 4.6-1 技術能力評価表

4 人材開発

(1) "評価項目"(専門技術)ではすべての技術能力をカバーする必要がある．そのためにはQ・C・D・S・Mの項目を満たすことがポイントである．ただし，内容が詳細になりすぎると，かえって習熟度がわかりにくくなるので，できるだけ簡潔にする．
(2) 評価基準は5段階で示し，すべてのスタッフが5点～1点に収まるようにしている．
(3) 評価内容は資格取得といった結果だけではなく，プロセスを評価することが重要である．

この帳票の活用により，スタッフの技術評価を公平かつ簡便に行うことができ，今後の教育ニーズが明確になる．

事例4.6-2　力量の的確性評価：「人材マップ」

◆ 事例の目的 ◆

能力評価のデータを活用するためには，習熟度を一目で正確に把握できるしくみが必要である．

本事例では，技術能力評価結果を図表化することでスタッフの力量を明確にし，的確なアクションをとることを目的としている．

これにより，能力評価結果が確実にフィードバックできるようになる．

◆ 事例の解説 ◆

図4.6-2に「人材マップ」を示す．

図4.6-1「技術能力評価表」(p.61)において点数評価した結果を，マトリックス図およびレーダーチャートにより一覧化している．

各スタッフの能力習熟度を塗りつぶすことにより明確にする．これにより不足する能力が明確になるので，記事欄には次期教育計画への配慮

4.6 スタッフの能力評価および習熟度の明確化　63

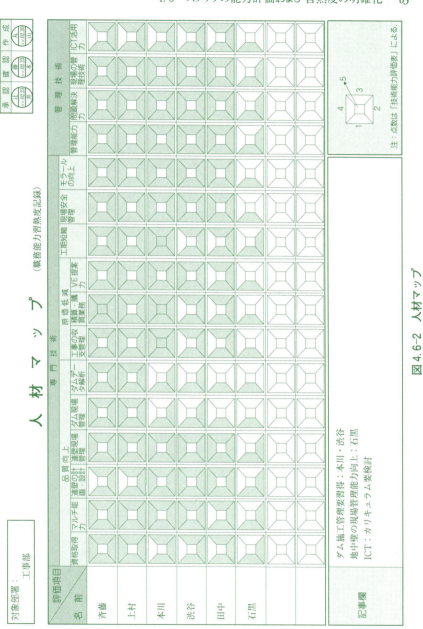

図 4.6-2　人材マップ

事項を記載しておくことが重要である．

　この帳票により，教育の充足度が把握でき，適正配置の資料としても活用できる．

5 安全管理

　作業者が安全に安心して働ける製造現場でなければ，製品品質の確保や生産能率の向上は望めない．特に危険をともなう作業が多く，災害の発生要因の多い業種では，人命にかかわる問題であり，安全管理は重要である．安全管理の欠陥が従業員の不幸を招き，生産活動の停止につながり，会社の社会的な信用の失墜につながる．

　事故・災害が発生する原因は，作業者の不安全行動と製造工程・工法，設備など作業環境の不備にあるといえる．これらのいくつかの要因が重なり合うと災害発生の確率が高くなり，人命を損なう重大な事故につながる．ハインリッヒの「1：29：300」の法則がよく知られており，災害の確率は1件の死亡・重傷災害の陰に，これにはいたらない29件の軽傷災害と，事故・怪我にいたらない300件の"ヒヤリ・ハットする"状況があるといわれている．

　安全管理は，死亡にいたる重大な災害・事故の防止は当然のこととして，軽微な怪我や作業環境に起因する疾病に対しても配慮しなければならない．

　安全な作業環境をつくり出すことはもとより，作業者自身の安全意識の高揚をもたらす安全教育はさらに重要になる．安全は作業者自身に帰属する問題であり，作業者の認識次第で災害の発生確率が大幅に異なる．

　また，万一事故が発生した場合は，迅速かつ的確な処置を行うとともに事故原因を究明して，徹底的な再発防止を図ることも当然のことなが

ら重要である．

　以上のように安全管理を効果的に実践して災害を防止するためには，安全管理システムの構築が必要である．これにより安全管理に必要な業務，役割分担が明確になり，職場の安全環境と作業者の安全意識が高揚して，無災害の職場を実現できるようになる．

　以下に MK 建設㈱における安全管理の事例を紹介する．

■5.1　安全管理システムの構築

> 事例 5.1　安全管理のしくみの構築：「安全管理体系図」「作業所安全施工サイクル」

──◆ 事例の目的 ◆──

　生産現場における災害を防止して，安全で快適な職場を創出するには，管理部門と現場および協力会社が一体となった安全管理活動を実践しなければならない．

　このためには安全管理システムによって，安全管理のプロセスおよび関連部門の役割を明確にする必要がある．安全管理のプロセスは安全管理計画，実施，チェック・評価，処置のステップで活動内容を明確にして，さらに活動のやり方などを示す管理ツールの工夫が必要になる．

──◆ 事例の解説 ◆──

　図 5.1(a)に安全管理全体のしくみである「安全管理体系図」(pp. 68～69)を示す．また図 5.1(b)には安全管理体系のうち"安全施工サイクル"についての詳細を表した「作業所安全施工サイクル」(pp. 70～71)を示す．

　本事例は，支店の管轄下にある施工現場の安全管理システムについて定めたものである．

(1) 安全管理のプロセスは"安全計画","施工準備","施工","評価・処置"の4つのステップを定めて，関連部門それぞれの役割および管理に使用する帳票・標準類を明確にしてある．
(2) "安全計画","施工準備"のステップは支店の安全労務部が主体となって，安全方針および安全管理全般の基本計画を策定する．
(3) "評価・処置"のステップは，異常発生時の処置および活動の評価・アクションについて，安全労務部と作業所が相互に役割を分担するようになっている．
(4) "施工"のステップは，作業所および協力会社が主体となって実施する日常の安全活動を表しており，これを"安全施工サイクル"と称している．
(5) 図5.1(b)の「作業所安全施工サイクル」(pp.70〜71)は，毎日実施する安全活動をパターン化して，作業所および協力会社の実施事項を具体的に定めたものである．毎月の"災害防止協議会"の決定事項を"毎日の工事安全打合せ"に反映して，実施結果は反省と共に翌日，翌月の計画にフィードバックするサイクルになっている．

図5.1(a)の「安全管理体系図」(pp.68〜69)により，安全管理のしくみが明確になり，無災害・無事故の施工現場の実現に向けて，管理部門，作業所，協力会社が一体となった安全管理活動が実践できる．

■5.2 安全管理計画

現場の無事故・無災害を達成するには，関連部門それぞれが具体的な活動を実践できるように安全管理計画を明確にしなければならない．

特に一定の標準作業が少なく，数日の短期間で作業条件が変化する施工現場のような場合は，現場の状況変化に的確に対応できる安全管理計画が必要である．

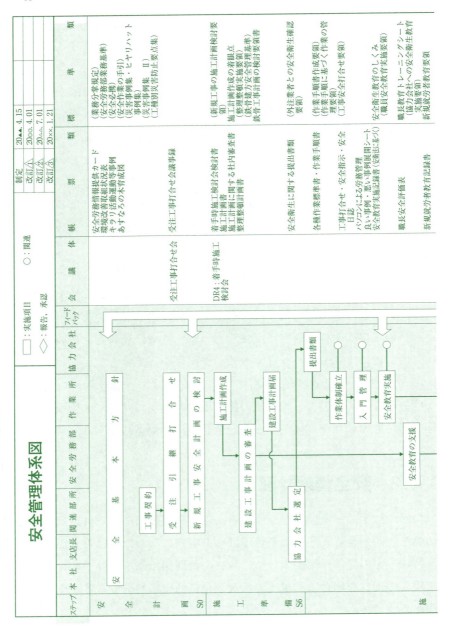

5.2 安全管理計画

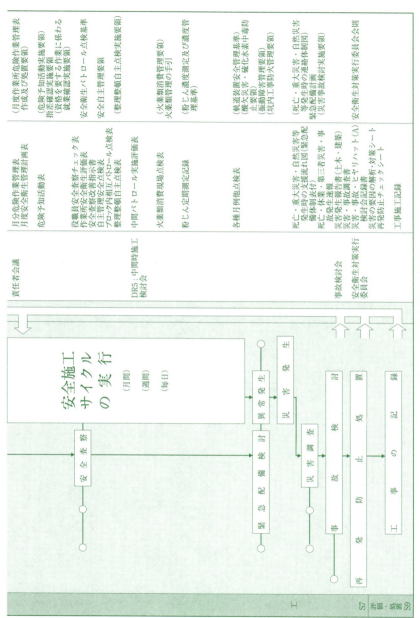

図 5.1(a) 安全管理体系図

70

制定 20▲▲.4
改訂⚠ 20△△.4
改訂⚠ 20××.4

作業所安全施工サイクル

	日常の管理	作業所の実施事項	協力会社の実施事項	帳票類
施工前	**1. 災害防止協議会** (1) 当月の安全衛生管理の反省 (2) 翌月の安全衛生管理計画の検討 (3) 翌月の安全衛生管理計画の設定 (4) 個別作業の連絡調整 (5) 災害防止活動の改善	**1. 翌月の安全作業計画** ①②③④⑤⑥⑲⑳㉑ (1) 工程から見た安全上注意すべき作業の把握 (2) 新たに始まる作業の把握（工種、会社名、請負形態） (3) 安全対策の方法（作業標準書、作業手順書の検討）	**1. 翌月の安全作業計画** ②③④⑤⑥ (1) 新作業に必要な作業体制の確認（作業内容、必要資格、人員） (2) 新作業に必要な機材の確認（保護具、持ち込み機械の点検） (3) 安全対策の方法（作業標準書、作業手順書の作成）	①施工計画書 ②災害防止協議会議事録 ③安全衛生に関する提出書類 ④危険作業入門管理基準確認表 ⑤作業標準書 ⑥作業手順書 ⑦危険予知活動表 ⑧工事打合せ・安全指示・安全日誌 ⑨クレーン作業計画書 ⑩重機作業計画書 ⑪新規就労者教育実施記録簿 ⑪-2 新規就労者教育実施票 ⑫職長安全カード（個人票） ⑬安全心得
施工	**2. 毎日の工事安全打合せ** (1) 工事進捗状況の把握 (2) 作業間の連絡調整 (3) 翌日の作業内容の検討 (4) 災害防止の事前検討 (5) 点検・巡視に基づく反省	**2. 翌日の安全作業計画** ④⑥⑦⑧⑨⑩⑮⑯⑰⑱⑲⑳ (1) 翌日の作業計画の検討（物、方法、人、環境、作業場所、災害事例） (2) 打合せ内容の自主点検 (3) 危険要因抽出向上の指導	**2. 翌日の安全作業計画** ④⑥⑧⑨⑩⑮⑯⑰⑱ (1) 安全作業計画の検討 ア 作業の指揮、命令、作業体制（資格、人員、保護具） イ 作業内容、危険要因、対策	
	3. 安全朝礼 (1) 全員参加の体操 (2) 作業間の連絡調整の指示 (3) 現場規律の維持・向上 (4) 指差確認による連帯感の盛上げ (5) 新規就労者の把握	**3. 入門管理** (1) 協力会社作業管理体制の把握（指揮、命令、資格、年令、人員） (2) 就業制限（新規就労者教育） ⑪⑪-2⑫⑬⑲	**3. 入門管理** ⑪⑪-2⑫⑬⑭ (1) 作業員の出勤状況の把握 (2) 新規就労者の把握・適正配置 (3) 健康状態の把握・教育	

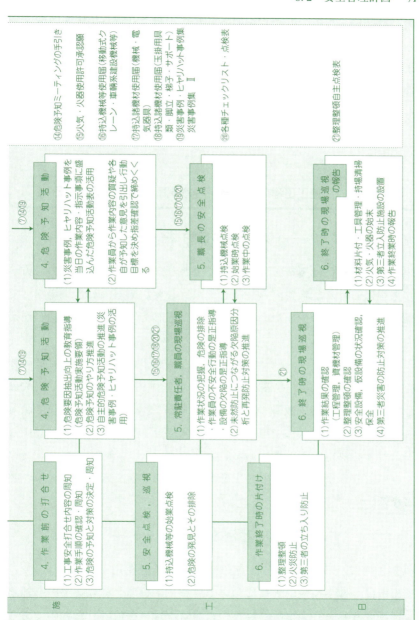

図5.1(b) 作業所安全施工サイクル

管理計画は，現場の問題点を明確にして，起こり得る災害・事故をあらかじめ予測し，安全対策を具体的に定める．また，過去に発生した災害事例の苦い経験を活かして，同種災害の発生の有無を検討し再発防止を図る必要がある．

　さらに，事故・災害の発生は作業者の安全意識に起因するところも多く，安全教育，安全行事なども計画のうえで重要になる．

事例 5.2-1　施工工程における災害の予測：「安全作業 FMEA」

◆ 事例の目的 ◆

　現場の作業条件は製造工程によって変わり，管理者と作業者の双方がその工程における危険要因を認識しておく必要がある．施工現場などでは繰り返しの工程が少なく，工事の進捗に応じて短期間で作業内容が変化する．

　このような現場では，製造工程と作業内容を密接に対応させて危険要因を抽出し，対策を講じる必要がある．それには，FMEA (Failure Modes and Effects Analysis, 故障モードと影響解析) を活用するとよい．品質不具合の予測の代わりに，事故・災害の発生を工程ごとに予測・評価して安全対策を決定するものである．

　これにより，事故・災害の発生を事前に予測でき，未然防止対策が明確になる．

◆ 事例の解説 ◆

　図 5.2-1 に「安全作業 FMEA」(pp. 74〜75) を示す．

　本事例は，地中連続壁工事において，施工工程ごとに危険要因を抽出し，影響度評価を行い事故・災害の未然防止対策を検討したものである．

(1) "工程フロー"で施工工程を明確にし，"工程ブロック図"には作業の危険要因を記載してある．
(2) 工程ごとに"不安全モード"を予測して，推定原因を記載しその重要度を評価する．
(3) 重要度評価は「C_1：影響度」，「C_2：発生頻度」，「C_3：発見の難易度」，「C_4：修復の難易度」とし，総合評価は右欄に示す計算式で算出する．
(4) "未然防止対策"は不安全モードごとに検討して，その管理方法については総合評価点により右欄に示す等級に応じて処置を決定する．
(5) 処置の基準は「等級Ⅰ：工法変更」，「等級Ⅱ：施工計画による対策を実施，作業手順書の変更」，「等級Ⅲ：災害防止計画による対策を実施，作業手順書の変更」，「等級Ⅳ：従来通りの作業手順による作業」としてある．

「安全作業FMEA」(図5.2-1)の活用により，施工工程ごとに漏れなく危険要因が抽出され，的確な重要度評価ができる．さらに未然防止対策を実施することにより，災害・事故を未然に防止できるようになる．

事例5.2-2　安全作業手順の明確化：「作業手順書」

◆ 事例の目的 ◆

　事故・災害は，作業者が正しい作業手順を理解していなかったり，面倒と考えて手順を省略した場合に多く発生する．

　計画段階で危険要因を除去した安全な作業手順を標準作業として定め，作業開始前に作業者に周知させる必要がある．特に死亡や休業につながる重大災害を招く危険作業に対しては，「作業手順書」を作成して管理者と協力会社側が綿密な打合せを行い，安全な作業手順を守るようにしなければならない．

安全作業 FMEA

工程フロー	工程ブロック図	機　　能	不安全モード	推定原因	不安全モードの影響
準備工	交　通　量	占用帯の張り出し	人・車が機械と接触	交叉点内での作業	対人・対物事故
	土　砂　崩　壊	安定液の管理	地山の肌落ち・崩壊	逸液量が多い	道路・地盤の陥没
	公　衆　災　害	防護シート設置	家屋と接近し掘削する	家屋下の地山肌落ち	家屋への被害
	地　下　埋　設　物	埋設位置確認	開口長が大きく溝壁が不安定	埋設管下の構築	埋設管の破損
機械組立・解体掘削工	作　業　半　径	TC設置位置	ブーム上での高所作業	安全帯の未使用	墜落する
		地盤状態の確認	作業床が沈下する	地盤が軟弱	機械が転倒する
	地　盤　耐　力	ワイヤーの点検	ワイヤーが切れる	点検の不備	掘削機がはずれる
		地盤を水平にする	機械が傾く	作業床の傾斜	機械の転倒
	荷　重　・　量	防護シート設置	安定液が飛散する	風が強い	第三者にかかる
		開口部の養生	溝内に人が落ちる	開口部の養生がない	溝内に落ちる
	ワイヤー強度	合図者の配置	重機と接触する	誘導・合図者がいない	機械の破損・修理
スライム処理	吊り荷下状況	合図者の配置	人と接触する	誘導・合図者がいない	人が挟まれる
		ホースの固定	ホースがふれる	固定されていない	人・物に当たる
		ジョイントの固定	配管がはずれる	ジョイントの不備	安定液が飛散する
鉄筋篭製作	玉　掛　状　態	ワイヤーの点検	玉掛ワイヤー点検不備	玉掛ワイヤー切れる	吊り荷の落下
		玉掛の確認	吊り荷がはずれる	玉掛方法が悪い	対人・対物事故発生
	感　電　災　害	漏電防止器点検	漏電している	漏電防止器の未作動	感電事故の発生
鉄筋篭建て込み	玉　掛　状　態	作業半径の確認	吊り荷が重い	定格荷重を超える	クレーンの転倒
		溶接の確認	吊り筋がはずれる	本数・溶接長の不足	鉄筋篭が落ちる
	合　図　方　法	介錯ロープ	鉄筋篭が揺れる	合図が悪い	人が挟まれる
	溶　接　状　態	溶接長の確保	溶接がはずれる	溶接長の不足	鉄筋が落ちる
コンクリート打設	誘導・合図方法	合図方法の確認	生コン車と接触する	誘導・合図の不備	人が挟まれる
		玉掛の確認	トレミー管が落ちる	玉掛けの不備	人に当たる
		潤滑油を塗布	トレミー管継手が硬い	継手部に手を入れる	手を挟む
	玉　掛　状　態	水洗いを行う	作業床が滑る	安定液がこぼれる	人が転ぶ
終り・続き	後　片　付　け	材料置場の固定	資材・物につまずく	片付けの不備	人が倒れる

図 5.2-1　安全

5.2 安全管理計画

工種	重要度評価					総合評価							要求品質	未然防止対策(検討時期・実施方法)
	C_1	C_2	C_3	C_4	C_M	0	1	2	3	4	5	等級		
地中連続壁	4	3	4	3	3.4							Ⅱ	地中連続壁工事における災害件数を0件にする	施工計画の重機配置計画による対策を実施する
	4	2	4	4	3.4							Ⅱ		施工計画の逸水対策を実施する
	4	2	2	5	3.0							Ⅱ		施工計画の家屋・店舗接近施工対策を実施する
	5	2	5	4	3.7							Ⅱ		施工計画の埋設管横断部の対策を事前に実施する
	2	3	3	3	2.7							Ⅲ		災害防止計画による対策を実施
	3	2	3	3	2.7							Ⅲ		災害防止計画による対策を実施
	3	2	4	3	2.9							Ⅲ		乗り込み前に交換を行う
	3	3	1	3	2.3							Ⅲ		災害防止計画による対策を実施
	2	5	2	2	2.5							Ⅲ		災害防止計画による対策を実施
	2	4	3	3	2.9							Ⅲ		災害防止計画による対策を実施
	3	3	2	3	2.7							Ⅲ		災害防止計画による対策を実施
	4	3	2	3	2.9							Ⅲ		災害防止計画による対策を実施
	3	4	2	3	2.9							Ⅲ		ロープで固定するよう手順書に定める
	2	3	4	2	2.6							Ⅲ		災害防止計画による対策を実施
	3	3	2	3	2.7							Ⅲ		災害防止計画による対策を実施
	3	4	2	2	2.6							Ⅲ		災害防止計画による対策を実施
	3	1	5	3	2.6							Ⅲ		漏電防止機の定期点検を実施する
	5	2	2	5	3.2							Ⅱ		施工計画汎用クレーンの決定により選定する
	5	2	4	5	3.7							Ⅱ		計算書で本数・長さを定め実施する
	3	1	3	2	2.1							Ⅲ		災害防止計画による対策を実施
	2	4	4	2	3.1							Ⅱ		吊り荷の下に入らないよう手順書に定める
	2	3	3	4	2.9							Ⅲ		災害防止計画による対策を実施
	3	3	3	2	2.7							Ⅲ		点検・色別を行うよう定める
	2	4	2	2	2.4							Ⅲ		合図は1人で行うよう手順書に定める
	1	5	1	1	1.5							Ⅳ		洗い流すよう手順書に定める
	1	4	1	1	1.4							Ⅳ		通路を確保するよう手順書に定める

重要度評価

$$C_M = (C_1 \times C_2 \times C_3 \times C_4)^{1/4}$$

C_1:影響度
C_2:発生頻度
C_3:発見の難易度
C_4:修復の難易度

総合評価の等級

C_Mの値	等級
4以上〜5	Ⅰ
3 〃 〜4未満	Ⅱ
2 〃 〜3 〃	Ⅲ
2未満	Ⅳ

処置の基準

等級Ⅰ:工法変更
等級Ⅱ:施工計画による対策を実施 作業手順書の変更
等級Ⅲ:災害防止計画による対策を実施 作業手順書の変更
等級Ⅳ:従来通りの作業手順による作業

作業 FMEA

「作業手順書」は管理者の考えで一方的に与えるのではなく，作業者の意見を多く取り入れ，作業者が守れる手順にすべきである．

これにより作業者が納得できる安全な作業手順が確立でき，事故・災害を防止できる．

◆ **事例の解説** ◆

図5.2-2に「作業手順書」を示す．

本事例は，建築工事のプレキャストコンクリート板の据付作業についての作業手順を定めたものである．

(1) 作業フローを定めて，この作業で予測される災害を明記する．
(2) 作業に使用する設備・機械，安全設備・保護具を記載し，労働安全衛生法上で必要な資格を明確にして，その該当者を指名してある．
(3) 作業フローごとに危険要因を含む作業を中心に作業順序を定める．さらに，目的である作業のできばえの基準を"品質等の達成の要点"に図解してある．
(4) "予測される事故・災害"には，この作業で起こり得る特に重大な災害を想定して，その要因となる各作業フローにおける事故を予測してある．
(5) 予測した事故・災害に対して"事故・災害防止の要点"で安全対策を図解してある．
(6) 作業者にこの手順書の内容説明を行い，"周知記録"の欄に署名を記して手順を遵守するようにしてある．

「作業手順書」の活用により，作業者に理解しやすい正しい作業手順が確立でき，作業を安全に遂行できる．

事例 5.2-3　危険作業の安全計画：「クレーン作業計画書」

◆ 事例の目的 ◆

重大災害に直接つながる危険度の高い作業は，特に綿密な安全計画が必要である．

重量物を吊り上げ・移動するクレーン作業などがこれにあたり，重量物の落下やクレーン車の転倒など，いずれも死亡災害に直結する危険な作業である．

したがって，作業のうえで遵守すべき事項，禁止事項など厳格なルールを定める必要がある．また，この場合，作業領域が比較的広範囲にわたることが多く，作業当事者だけではなく，隣接する作業区域に対する安全対策も重要である．

◆ 事例の解説 ◆

図 5.2-3 に「クレーン作業計画書」を示す．

本事例は，トラッククレーンによる重量物の荷降ろし作業について計画したものである．

(1)　クレーン会社とクレーンの機種，能力，ブーム長さを表記し，作業責任者と資格の必要な"玉掛け者"，"合図者"を指名してある．
(2)　作業条件として，荷降ろしする重量物の最大荷重，作業半径，作業予定時刻などを明記する．
(3)　"定格総荷重表"は，吊り上げる重量物と作業半径の関係を示す早見表で，クレーンの必要能力を誤りなく決定できる．
(4)　注1，注2に示す内容は，作業条件に対応してチェックすべき事項を定めている．
(5)　右欄の図は，作業領域を明確に特定し作業当事者外の立ち入り禁止

【手順書をみんなで守って不具合・災害の絶滅】

作 業 手 順 書	(単位)	梁 PC 取付け	作業手順	Ⓐ
	作業名	床 PC	作成区分	3
	作業期間	20×× 年 11 月 4 日 ～ 20○○ 年 2 月 15 日		

親作業名	PC 建方作業	(予測される不具合・災害)
親作業フロー	(枠内は主な単位作業で表示，当単位作業は実線枠で表示) PC部材搬入① → 搬入材の確認② → 玉掛け用具セット③ → N階取付け④ → サポート調整⑤	・吊り荷の落下 ・PC 材によるはさまれ
		(安全設備・保護具) 安全帯，無線機，介錯ロープ

要素作業の順序	品質等の達成の要点(図解)
① PC 部材搬入	
② 搬入材の確認	キズわれ等の仕上げ状況を確認し損傷がひどい場合は返品する
③ 玉掛け用具の確認	
④ N 階取付け	
1) PC 板玉掛け荷降ろし	
2) PC 板吊込み	ワイヤーをほどく前に荷降ろし
留意事項	地形・地質・設備・行動・機械・材料・整備・点検・

〈要点もれのない手順書で不具合・災害を無くそう!!〉

図 5.2-2

5.2 安全管理計画

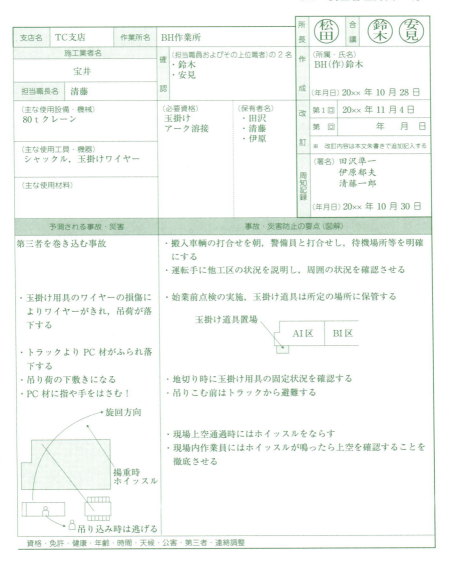

作業手順書

クレーン作業計画書

機械区分：〔(自社)・持込み・リース〕　　　TC　支店　　　BH　作業所

作業日	20×× 年 8 月 9 日			
クレーン会社名	クレーンの機種	クレーン能力	ブームの長さ	フック等の質量
NS 重機興業㈱	TR250M	25 t吊	30.5 m	0.5 t

使用会社	作業責任者	玉掛者	合図者/合図法	作業条件	（質量）定格荷重 t	作業半径 m	玉掛方法	ロープ径 mm	作業予定時刻	担当職員
A NS	柳沼亀蔵	永島 進	根本泰之	クレーン最大作業半径時					9:00	
作業名：パイラー荷卸し			手合図	予定最大質量時	(80 t)					
				予定最大作業半径時	13.0 t	7 m	1点吊	18 m/m		
B NS	同上	同上	同上	クレーン最大作業半径時					10:00	
作業名：SP 荷卸し			手合図	予定最大質量時	(5.4 t)					
				予定最大作業半径時	7.3 t	10 m	2点吊	12 m/m		
C				クレーン最大作業半径時						
作業名：				予定最大質量時						
				予定最大作業半径時						

注 1：上記作業条件での定格荷重と作業半径を満足していることを確認すると共に、余裕のある作業を行うこと。
注 2：上記作業条件での定格荷重と作業半径を満足できない場合は、クレーン運転手及び玉掛者は定格総荷重表でその都度クレーンの安定条件を確認して作業を行うこと。（質量と荷重を今までどおり同じの意味と考えて差し支えない）

【定格総荷重表】ブーム条件やアウトリガー条件下の使用可能範囲を赤色またはハッチングで明示する。

アウトリガー最大張出 6.3 m (全周)					アウトリガー中間張出 5.0 m (側方)					アウトリガー最小張出 3.6 m (側方)				
ブーム長さ 作業半径(m)	9.5m	16.5m	23.5m	30.5m	ブーム長さ 作業半径(m)	9.5m	16.5m	23.5m	30.5m	ブーム長さ 作業半径(m)	9.5m	16.5m	23.5m	30.5m
5.0	19.4	16.7	12.5	7.0	5.0	18.4	16.7	12.5	7.0	5.0	10.7	10.5	11.0	7.0
5.5	17.8	15.6	11.75	7.0	5.5	15.4	15.0	11.75	7.0	5.5	9.05	8.8	9.4	7.0
6.0	16.3	14.6	11.1	7.0	6.0	13.0	12.6	11.1	7.0	6.0	7.7	7.6	8.2	7.0
6.5	15.1	13.8	10.5	7.0	6.5	11.2	10.8	10.5	7.0	6.5	6.6	6.5	7.25	7.0
7.0	13.7	13.0	10.0	7.0	7.0	9.5	9.4	10.0	7.0	7.0	5.8	5.6	6.4	6.5
8.0		10.9	9.0	7.0	8.0		7.3	8.0	7.0	8.0		4.4	5.05	5.3
9.0		8.65	8.2	6.3	9.0		5.85	6.5	6.3	9.0		3.4	4.05	4.35
10.0		7.05	7.3	5.8	10.0		4.75	5.4	5.6	10.0		2.7	3.3	3.65
11.0		5.85	6.4	5.3	11.0		3.9	4.55	4.8	11.0		2.15	2.75	3.05
12.0		4.95	5.5	4.9	12.0		3.3	3.85	4.15	12.0		1.7	2.3	2.6
13.0		4.2	4.75	4.5	13.0		2.75	3.3	3.55	13.0		1.3	1.9	2.2
14.0		3.6	4.1	4.15	14.0		2.3	2.85	3.1	14.0		1.0	1.6	1.85
15.0			3.6	3.8	15.0			2.45	2.7	15.0			1.35	1.55
16.0			3.15	3.45	16.0			2.1	2.35	16.0			1.1	1.3
17.0			2.8	3.05	17.0			1.8	2.1	17.0			0.9	1.05
18.0			2.45	2.7	18.0			1.55	1.8	18.0			0.7	0.9
19.0			2.15	2.45	19.0			1.35	1.6	19.0			0.5	0.7
20.0			1.9	2.2	20.0			1.15	1.4	20.0				0.55
21.0			1.7	1.95	21.0			0.95	1.2					
22.0				1.75	22.0				1.05					
24.0				1.4	24.0				0.75					
26.0				1.15	26.0				0.5					
28.0				0.95										

定格荷重　=　定格総荷重　-　フック等の質量　→→→　定格荷重　-　吊荷の質量　=　余裕

作業計画内容の周知と確認	使用会社の確認サイン	A NS 社	B NS 社	C
作業当日の作業前確認（元請）	クレーンの機種は計画したものか		(合)・否　クレーン検査証・始業前点検は	

図 5.2-3　クレーン

5.2 安全管理計画

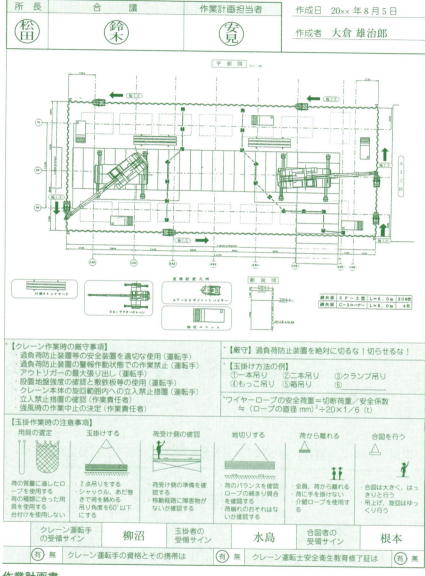

作成日 20×× 年 8 月 5 日
作成者 大倉 雄治郎

所長：松田　合議：鈴木　作業計画担当者：安見

【クレーン作業時の厳守事項】
- 過負荷防止装置等の安全装置を適切な使用（運転手）
- 過負荷防止装置の警報作動状態での作業禁止（運転手）
- アウトリガーの最大張り出し（運転手）
- 設置地盤強度の確認と敷鉄板等の使用（運転手）
- クレーン本体の旋回範囲内への立入禁止措置（運転手）
- 立入禁止措置の確認（作業責任者）
- 強風時の作業中止の決定（作業責任者）

【厳守】 過負荷防止装置を絶対に切るな！切らせるな！

【玉掛け方法の例】
① 一本吊り　② 二本吊り　③ クランプ吊り
④ もっこ吊り　⑤ 箱吊り　⑥

*ワイヤーロープの安全荷重＝切断荷重／安全係数
 ≒（ロープの直径 mm）$^2 \div 20 \times 1/6$ (t)

【玉掛作業時の注意事項】

用具の選定	玉掛けする	荷受け側の確認	地切りする	荷から離れる	合図を行う
・荷の質量に適したロープを使用する ・荷の種類に合った用具を使用する ・台付けを使用しない	・2点吊りをする ・シャックル、あだ巻きで荷を締める ・吊り角度を60°以下にする	・荷受け側の準備を確認する ・移動経路に障害物がないか確認する	・荷のバランスを確認 ・ロープの締まり具合を確認する ・荷崩れのおそれはないか確認する	・全員、荷から離れる ・荷に手を掛けない ・介錯ロープを使用する	・合図は大きく、はっきりと行う ・吊上げ、旋回はゆっくり行う

クレーン運転手の受領サイン	柳沼	玉掛者の受領サイン	水島	合図者の受領サイン	根本
有 無	クレーン運転手の資格とその携帯は		有 無	クレーン運転士安全衛生教育修了証は	

作業計画書

処置を行っている.

(6) さらにクレーン作業の役割に応じて"厳守事項"を定め,安全作業を徹底できるようにしてある.また,下段にはこの計画を作業当事者に説明・周知を行ったことを記録してある.

これにより,クレーン作業に対する計画のすべてが簡単に網羅でき,安全上厳守すべき事項が徹底して遵守されるようになる.

■5.3 安全教育の実施

事故・災害の防止は,作業者自身の安全意識により左右されることが多く,安全設備の整備や製造機械のポカヨケなどの物理的な安全対策をとっただけでは十分でない.

作業者一人ひとりを対象に安全行事や安全教育を繰り返し行い,安全に対する認識,意識を高める必要がある.また,安全管理は法令・規制要求事項も多種多様で,特に管理者はこれらの知識の習得に努めなければならない.

「安全は教育に始まり教育に終わる」ともいわれ,必要な教育を明確にして安全教育を効果的に実施することが重要である.

> 事例5.3-1 安全教育の実施:「職員安全教育体系」「協力会社安全教育体系」

◆ 事例の目的 ◆

安全教育を効果的に実施するためには,作業の種類・内容,教育対象者に応じて必要教育を明確にし,体系化する必要がある.

これにより,管理者に必要な安全管理に関する法令知識の習得や,作業者の危険予知能力の向上が図れ,安全意識を高揚できる.

5.3 安全教育の実施

◆ **事例の解説** ◆

図5.3-1(a)に「職員安全教育体系」を，図5.3-1(b)に「協力会社安全教育体系」を示す．

本事例は，管理側の当社の社員に対する教育と，直接作業に携わる協力会社に対する教育体系を定めたものである．

(1) 図5.3-1(a)の「職員安全教育体系」は，作業所の社員に対するもので，備えるべき能力について"教育に期待する効果"を入社経年数に応じてマトリックス図により設定している．また業務に必要な知識，資格についても同様に設定して，教育内容を定めてある．

(2) 図5.3-1(b)の「協力会社安全教育体系」は，協力会社が実施または受講すべき教育を対象したもので，"ねらい"で習得すべき知識・能力を示して，教育の種別と教育項目をマトリックス図で表してある．

これにより，施工現場における当社の社員と協力会社の双方の教育内容を明確にでき，体系立てた効果的な安全教育が実施できる．

事例 5.3-2　新規就業者の教育：「新規就業者教育記録書」

◆ **事例の目的** ◆

建設現場のようなプロジェクト型の事業所では，多様な職種の作業者が短期間に入れ替わることが多く，新規に入場して就業する作業者への教育は安全管理上も重要なポイントになる．

新規就業者は，現場の状況を把握できていないため，現場の安全ルールや危険箇所の周知など，一からわかりやすく説明して安全意識を植えつけ，不安全行動を防止する必要がある．

また，管理者側でも新規就業者一人ひとりについて，安全に関連する

職員安全教育体系

社内教育体系の内階層別教育(集合) 凡例 ◎遂行でき、応用できる ○上司の指導のもとで遂行できる △勤機付け上司の指示で遂行する		階層区分	新入社員	2年次	5年次	10年次	主任	所長就任
教育事項								
11. 安全管理の面で支店の運営に参画								◎
10. 安全についての企画、提案					△	○	○	
9. 部下の育成					△	○	○	
8. 対外折衝					△	○	○	
7. 統括管理					○	○		
6. 協力会社の指導				△	○	○		
5. 安全の計画				△	○	○		
4. 安全施設				△	○	○		
3. 安全管理の体系			△	○	○			
2. 当社の標準や法規			△	○	○			
1. 現場で、自分が災害にあわないための規則規定		◎						

教育の機会、実施部門								
実施する集合教育	階層別教育	1. 実施部門	本店 支店安全	支店 安全	本店	本店	支店	本店
		2. 実施時期または方法	導入時 配属時	2年内	5年内	初級管 理研修	任命の2年 以内	支店毎に 共催
	繰り返し教育	1. 実施部門		支店	支店			
		2. 実施時期または方法		3年次	6年次			1回/年	2年内
外部団体助成講習等	安全衛生管理スタッフコース RST講座							受講	従事の時

図 5.3-1(a) 職員安全教育体系

社内教育体系の内資格取得援助

凡例 ◎必ず取得 ○取得して欲しい △できれば取得

*業務に必要な知識を習得するための資格

階層	3年内			5年内				10年内		
	土未系	建築系	機電系	事務系	土未系	建築系	機電系	事務系	建築系	機電系
安全に衛生に関わる資格				◎	△	△	△	◎		
衛生管理者					○	○	○	○		
防人管理者					○	○	○	○		
定期自主検査資格									△	◎
酸欠作業	○	○	○		○	○	○			
玉掛作業	○	○			○	○				
足場作業	○	○			○	○				

*業務上必要があるため取得しておく資格、講習

項目	必修的資格	準必修的資格	異例的資格
5年次まで	土木職員・火薬保安責任者・JR工事管理者	事務職員・火薬保安責任者	全職員・各種作業主任者資格
10年次まで	トンネル経験職員・救護技術講習		
15年次まで			

協力会社安全教育体系

20××年4月20日
MK建設株式会社

◎主実施　○従実施

教育の種別	当社 本店	当社 支店	当社 作業所	協力会社 店社	協力会社 作業所	工法・作業方法	設備・機器・材料	啓発・意識向上	新知識付与	危険予知能力向上	点検確認能力向上	指導教育能力向上	重要情報の提供等	ねらい	受講頻度	備考
法定の雇入れ教育		実施確認	実施確認	◎										新しい環境に早く適応させ安全に作業させる	採用時	
新就者の教育		実施確認	実施確認	○	◎									作業場所の変更に伴う諸案件を教育説明し、安全に作業できる	作業所入場時	新規入場者教育実施要領による
法定の特別教育		実施確認	実施確認	◎		○	○		◎	○				法定の業務につき教育を施し、遂行の資格を与える	必要時	修了証発行
作業員の職長教育		○	○	◎	○				◎	○				繰り返し教育し、災害防止の意識レベルの向上を図る	2回/年	作業手順、KYT、災害事例安全基準等を周知させる
法定の職長教育	◎	○	○	○		○	○		◎	○				法定の内容を教育し、安全衛生のポイントを習得させる	必要時	修了証発行
職長の能力向上の教育	◎	○	○	○		○	○	○	○	○	○	○	○	職長、作業主任者の能力向上を図る	1回/3年	支店で計画し参加を促したり協力会社へ出向いて
現場代理人の教育	◎	○	○	○		○	○	○	○	○	○	○	○	当社の施工と安全管理について、理解を深める	同上	同上
店社の安全衛生スタッフの教育	◎	○		○									○	安全管理全般についての質を高める	1回/年	同上
経営幹部の安全衛生教育	◎	○		○									○		随時	協力会社を通じて

*協力会社に実施して貰うのが筋であるが、当社は呼びかけて集めて、協力し合って実施して行く必要がある
*協力会社が実施する場合は、当社と協力会社との共同実施と考える

*外部機関が実施する各教育研修を受講した場合、当社は呼びかけてそれぞれ該当する教育を受けたものとする

*安全心得、災害事例、小冊子等を使用しての教育
*作業計画書、作業手順書を基にした教育
*KYTの実施、グループ討議等の実施

図5.3-1(b) 協力会社安全教育体系

正確な情報を把握しておく必要がある．

――――◆ 事例の解説 ◆――――

図5.3-2に「新規就業者教育記録書」を示す．

本事例は，マンションの建設現場において，新規入場者に対し実施した就労者調査と安全教育の記録である．

(1) 就労者調査は作業者一人ひとりにアンケートをとる方法で実施しており，内容は作業経験年数，緊急時の連絡先，健康状態，怪我の経歴などについて記入してもらう．
(2) 作業に必要な法定資格の有無や安全教育の経歴も調査する．
(3) 教育内容は，安全教材「新しく現場で働く皆さんのために」に基づき，工事概要，現場の状況，危険箇所，禁止行為などの安全ルールを説明する．
(4) 最後に安全ルールの遵守と不安全行動の回避を誓い署名をするようにしてある．

この就労者調査，安全教育により新規就業者に関する情報が得られ，作業所の安全ルールが周知できて，作業者の安全意識を高揚できる．

| 事例5.3-3　作業者の安全意識の高揚：「危険予知ミーティングの手引き」|

――――◆ 事例の目的 ◆――――

事故・災害は作業者自身に降りかかることであり，作業者自らが安全意識を高めて行動しなければ，災害・事故を防ぐことは難しい．

作業者が，自分が行う作業について危険を予知し，自らの考えで危険を回避する行動を定めて実施することが重要である．

そこで，作業者の危険予知能力を高めるための教育・訓練が必要とな

新規就業者教育記録書

TC支店　BH作業所
実施日：20×× 年 11 月 15 日

ふりがな	トダ　タロウ			一次請負会社名	㈱大和左官
氏　名	戸田　太郎			あなたが賃金をもらう会社名又は人	〃
生年月日	19** 年 9 月 10 日	満 54 歳	性別 (男)・女	血液型	A 型
現住所	葛飾区□□-×-×-×			電話	(○○○) ○○○○
緊急連絡先（家族等）	同上　どなたがいますか　妻			電話	(　)
職種	左官	経験年数	建設業で 27 年／現職種で 27 年	今の会社に入ったのはいつですか？	20** 年 11 月

■ 入社時諸事項および健康等の質問（該当箇所を○で囲んで下さい）

①	雇用通知書または雇用契約書は受け取っていますか	(受け取っている)・いない
②	個人事業・一人親方・会社役員ですか	はい (　)・(いいえ)
③	今の会社で安全教育を受けたことがありますか	(受けた)・受けていない
④	直近の健康診断はいつ受けましたか	20** 年 5 月頃・1 年以上受けていない
⑤	血圧はいくつですか（高血圧　最高 160 以上・最低 95 以下）	最高 145 ～ 最低 85・わからない
⑥	目の状態	(良い)・近くがよく見えない・遠くがよく見えない
⑦	耳の状態	(良い)・よく聞こえないことがある
⑧	めまいがするようなことはありますか	ある・(ない)
⑨	現在の体調	良い・(普通)・悪い　(最近・現在治療中の病名　　　　　)
⑩	以前に右の症状（病状）がありましたか	ある／じん肺症・慢性腰痛・ぎっくり腰・ムチウチ症・振動病・有機溶剤中毒症・その他／(ない)
⑪	過去に怪我（休業 4 日以上）をしましたか	した（どんな　　　　）・(していない)

■ 資格取得状況（下記に該当する資格を取得していれば○で囲んで下さい）

免許	クレーン・移クレーン・車（普・(大型))・発破技士・電気工事士・高圧室・ガス溶接
技能講習	地山・土止・型枠・足場・鉄骨・玉掛（1t 以上）・酸欠・ガス溶接・高所車（10m 以上） クレーン（床上 5t 以上、移 5t 未満）・有機溶剤・コン破砕器・採石・ずい道（掘削・覆工） コン解体破壊・特定化学・はい作業・車輌系 3t 以上（建機・解体・基礎工事用） 車輌系 1t 以下（荷役・不整地運搬）
特別教育	(クレーン)（床上 5t 以上、(移 5t 未満))・(高所車)10m 未満）・坑内作業・軌道・粉塵・アーク・砥石 酸欠・高圧室・電気取扱・(リフト)・(ゴンドラ)・潜水・(巻き上げ機)・ボーリングマシン 車系 3t 未満（建機・解体・基礎工事用）・車系 1t 未満（荷役・不整地運搬） 車両系（コンクリート打設・締め固め）

上記以外に取得している資格等があれば記入して下さい

■ 新就教育指導内容

工事概要・現場の状況・危険個所・競合作業の説明・禁止行為等の作業上の注意・警報
安全資料【新しく現場で働く皆さんのために】・非常時対応他　　協力会職長による現場での補足説明

この作業所で働くにあたり，本日受けた安全教育等について，これをよく守り，安全作業に徹します．また，不安全行動は絶対に致しません．

20×× 年 11 月 15 日　　氏名（自署）：　戸田　太郎

確認印	所　長	担当者
	松 ××.11.15 田	鈴 11.15 木

図 5.3-2　新規就業者教育記録書

り，これにより作業者の安全意識が高揚し，災害防止の具体的な行動を自らとれるようになる．

――――◆ 事例の解説 ◆――――

「危険予知ミーティングの手引き」を，図5.3-3に示す．

本事例は，作業者の危険予知能力の向上を図るため，作業所で実施する危険予知活動の教材である．

(1) 第1ラウンドは現状把握で，当日実施する作業において「どんな危険があるか」を，グループメンバー全員に問いかける．
(2) 第2, 3ラウンドでは，抽出した"危険"を絞り込み，「これが危険のポイントだ」を決めて，対策案として「私達はこうする」ことをいくつかあげる．
(3) 第4ラウンドで対策案を絞り込み"今日の行動目標"を決定して，最後にメンバー全員でワンポイント指差呼称を行い，タッチアンドコールでしめる．

この危険予知活動により，作業者自身の危険予知能力と安全意識が高まり，災害防止を効果的に実施できる．

■5.4　安全管理の実施

事故・災害の防止は，安全管理計画で定めた対策を確実に実行すると同時に，日々の作業における安全上の問題点を把握して，異常処置・改善を進めることにより可能になる．

建設現場などでは，プロジェクトの進展に応じて作業工程が日々変化し，現場の様相が一変してしまうことが多い．変更・変化点を含め，毎日きめ細かな安全打合せが必要になる．

また，安全管理を効果的に実践するためには，直接作業に携わる協力

危険予知ミーティングの手引き

危険予知活動の目的

① 危険に対する一人一人の感受性を高め鋭くする．
② 作業に潜む危険性について，一人一人が共通の認識を持つようにする．
③ 「自分たちの安全は，自分たちで守ろう」とするチームワークを高める．
④ みんなで参加し，みんなで発言し，みんなで合意し，決めたことを自主的に守るようにする．

指差呼称の有効性

指差呼称は，人間の心理的な欠陥に基づく誤判断，誤操作，誤作業を防ぎ事故災害を未然に防止するのに役立ちます．
対象を見つめ，腕を伸ばし指を差し，声を出すことは，ただ，なにげなく，作業を続けている時に，一呼吸おくと，気がひきしまるのと同じように，頭脳を明快にするのです．

何もしない時に比べると，指差呼称した場合は，誤りの発生率が3分の1になることが，科学的に証明されています．

指差呼称のやり方

指差呼称は，目，腕，指，口，耳などを総動員して，自分の作業行動の正確性，安全性を確認するものです．

図 5.3-3　危険予知ミーティングの手引き

（第1ラウンド）　～現状把握～

5月25日	危険予知活動表		
作業内容	C工区型枠建込みの内クレーンにて梁枠のセット		
どんな危険がありますか	1. 吊込み中の梁が振れて，柱上の人が落ちる．		
	2. 玉掛ワイヤ外し時，梁が揺れ落ちる．		
	3. 玉掛ワイヤ外し時，固定を確認せず，梁と共に落ちる．		
	4. 玉掛ワイヤ外し時，腰のカナヅチが落ちて人に当たる．		
	5. 梁の底にセパがくい込んでいて，吊込中落ちて人に当たる．		
対　策　⇩　私達はこうする			
今日の行動目標			
グループ名	○　○工務店	リーダー名　小野　太郎	班員　5　名
	タッチアンドコールでしめくくろう!!		

吹き出し:
- 作業の部分部分について考え，具体的な発言をしよう．
- みんなで考えてみんなで発言しよう．
- どんな危険がひそんでいるか考え，3～5項目程度出そう．
- 「～なので～になる」の形で発言しよう．
- 一人が一つ危険項目を出そう．
- 自分の周囲を見て考えよう．

危険予知活動をして
ゼロ災害を達成しよう

（第2ラウンド）　～本質追及～

5月25日	危険予知活動表	△△△作業所	
作業内容	C工区型枠建込みの内クレーンにて梁枠のセット		
どんな危険がありますか　これが危険のポイントだ	1. 吊込み中の梁が振れて，柱上の人が落ちる．		
	◎2. 玉掛ワイヤ外し時，梁が揺れ落ちる，ヨシ！		
	3. 玉掛ワイヤ外し時，固定を確認せず，梁と共に落ちる．		
	4. 玉掛ワイヤ外し時，腰のカナヅチが落ちて人に当たる．		
	5. 梁の底にセパがくい込んでいて，吊込中落ちて人に当たる．		
対　策　⇩　私達はこうする			
今日の行動目標			
グループ名	○　○工務店	リーダー名　小野　太郎	班員　5　名
	タッチアンドコールでしめくくろう!!		

吹き出し:
- 危険のポイントを決定し，◎印をする．
- 「玉掛ワイヤ外し時梁が揺れ落ちるヨシ！」と大きな声で指差唱和しよう．

図5.3-3　つ　づ　き（その1）

5.4 安全管理の実施

(第3ラウンド)　〜対策樹立〜

5月25日	危険予知活動表	△△△作業所
作業内容	C工区型枠建込みの内クレーンにて梁枠のセット	
どんな危険がありますか	1. 吊込み中の梁が振れて，柱上の人が落ちる．	
	◎2. 玉掛ワイヤ外し時，梁が揺れ落ちる．	
	3. 玉掛ワイヤ外し時，固定を確認せず，梁と共に落ちる．	
	4. 玉掛ワイヤ外し時，腰のカナヅチが落ちて人に当たる．	
	5. 梁の底にセパがくい込んでいて，吊込中落ちて人に当たる．	
対　策　私達はこうする	1. 梁に予め親綱を張っておき，これを使用する．	
	2. サポートのセットを確かめる．	
	3. ワイヤーをゆるめ，固定を確かめる．	
今日の行動目標		
グループ名　○○工務店	リーダー名　小野　太郎	班員 5 名
タッチアンドコールでしめくくろう!!		

（あなたならどうしますか．）
（具体的で実行可能な対策を発表しよう．）
（◎印に対する対策2〜3項目位考えよう．）

決めたことをキッチリ実行し
ゼロ災害を達成しよう

(第4ラウンド)　〜目標設定〜

5月25日	危険予知活動表	△△△作業所
作業内容	C工区型枠建込みの内クレーンにて梁枠のセット	
どんな危険がありますか	1. 吊込み中の梁が振れて，柱上の人が落ちる．	
	◎2. 玉掛ワイヤ外し時，梁が揺れ落ちる．ヨシ！	
	3. 玉掛ワイヤ外し時，固定を確認せず，梁と共に落ちる．	
	4. 玉掛ワイヤ外し時，腰のカナヅチが落ちて人に当たる．	
	5. 梁の底にセパがくい込んでいて，吊込中落ちて人に当たる．	
対　策　私達はこうする	1. 梁に予め親綱を張っておき，これを使用する．	
	2. サポートのセットを確かめる．	
	※3. ワイヤーをゆるめ，固定を確かめる．	
今日の行動目標	ワイヤーをゆるめ，固定を確かめよう　ヨシ！	
グループ名　○○工務店	リーダー名　小野　太郎	班員 5 名
タッチアンドコールでしめくくろう!!		

（対策の中でこれだと思うものに※印をする．）
（〜を〜して〜しようヨシ！と大きな声で指差唱和する．）

図5.3-3　つづき(その2)

（確　認）　〜ワンポイント指差呼称とタッチ・アンド・コール〜

5月25日	危険予知活動表	△△△作業所
作業内容	C工区型枠建込みの内クレーンにて梁枠のセット	
どんな危険がありますか	1. 吊込み中の梁が振れて、柱上の人が落ちる．	
	◎2. 玉掛ワイヤ外し時，梁が揺れ落ちる．ヨシ！	
	3. 玉掛ワイヤ外し時、（吹き出し：ワンポイントは、そのとき作業ごとに○○ヨシ！と指差呼称しましょう。）（吹き出し：ワンポイント指差呼称は3回しよう。）	
対　策　↓　私達はこうする	（吹き出し：作業中に思い出せるよう短い言葉にまとめたワンポイントを決めましょう．）…んでいて、…ちて人にヨシ…ておき、これを使用する．	
	2. サポートのセット…を確かめる．	
	※3. ワイヤーをゆるめ，固定を確か…（吹き出し：タッチアンドコールは1回しよう。）	
今日の行動目標	ワイヤーをゆるめ，固定を確かめ…	（吹き出し：梁の固定ヨシ！）
グループ名	○○工務店　　リーダー名　小○太郎	班員　5名
	タッチアンドコールでしめくくろう!!　　ゼロ災でいこうヨシ!!	

タッチ・アンド・コールの種類

a.リング型

- 円陣をつくる．
- 左手で左隣りの人の親指をにぎりあいリングをつくる．
- 右手人差し指でリングを指さす．
（MK建設はリング型を基本とします）．

b.手重ね型

- 円陣をつくる．
- 左手を重ね合わせる．
- 右手人差し指で重ね合わせた左手をさす．
- リーダーは手のひらを上向きにしてメンバーの重ねた左手を下から支える．

c.タッチ型

- 円陣をつくる．
- 左隣りの人の肩に手を置く．
- 右手人差し指で円陣の中央をさす．

タッチ・アンド・コールの狙い

タッチ・アンド・コールは，お互いに体の一部を触れ合って指差唱和することで一体感，連帯感，仲間意識を高めるのに有効な手法です．

図5.3-3　つ　づ　き（その3）

会社の安全管理意識を高め，末端の作業者全員を巻き込んだ活動が必要である．協力会社が管理者に一方的に依存するのではなく，作業者自ら安全を考え，自主的な安全管理を実施することが望ましい．

> **事例 5.4-1　安全作業の打合せ・指示：「工事打合せ・安全指示・安全日誌」**

◆ 事例の目的 ◆

施工現場の状況や作業工程が短期間で変化する建設現場のような場合は，日々の作業打合せ，安全指示が安全管理上で重要なポイントになる．

施工の各工程の作業予定を確認して，作業上予測される事故に対する安全対策を協議・指示し，さらにその実施状況をフォローアップする必要がある．

このような管理により，毎日の作業内容を確認・調整して適切な安全対策を講じることで事故・災害を防止できるようになる．

◆ 事例の解説 ◆

図 5.4-1 に「工事打合せ・安全指示・安全日誌」を示す．

本事例は，建築工事の建設現場において実施する毎日の作業打合せと安全指示について記録するものである．

(1) 現場に入場している協力会社のすべてについて，翌日の作業内容，予定人員を確認する．この日は全部で 14 社に及んだが，相互に近接して作業を行う場面も生じ，作業内容を調整する必要が起きてくる．

(2) "安全指示事項" には危険要因を抽出して災害防止対策を協議し決定する．

(3) 協力会社の責任者の署名を得て認識を高める．

(4) 右欄の太線内は打合せ・指示した内容について，実施事項を翌日に

工事打合せ・安全指示・安全日誌

所 長	合 議	名
松田 ××.3.6	鈴木	

3月7日（水）の作業予定・打合せ事項　　［打合せ日］　20××年3月6日（火）

協力会社名	No.	予定作業 作業名 [職種、施工場所ごとに記入 担当職長名を（ ）で記入]	予定人員	作業手順区分	必要資格	火気使用	安全指示事項 [危険有害度の高い要因とその災害防止対策を記入]
三田	1	バルコニー養生ネットもりかえ	2	C	—	—	段差に躓く ・足元注意
大和左官	2	躯体補修、RF, 9F 内部	6	C	—	—	脚立からの転落 ・足元注意
昭和小林	3	4～6F 造作	10	C	—	—	電動工具によるけが ・工具の点検・適正使用
高山電設	4	2, 4, 5F 通線　木間仕切	1+2	C	—	—	脚立からの転倒 ・足元注意
ヨコハマENG	5	8F 配管・ダクト　コロガン	7	C	—	—	脚立からの転倒 ・足元注意
京浜ガス	6	8F 配管　コロガン	3	C	—	—	段差等による転倒 ・足元注意
ユニ内装	7	6F S1ボード張り	2	C	—	—	カッターによるけが ・手元確認
関東システム	8	2, 3F ボード張り	3	C	—	—	工具によるけが ・工具の取扱いに注意
M防水	9	4～RF シール　西側目地	1	C	—	—	脚立からの転倒 ・無理な体勢で作業しない
大田工業	10	FI区はつり	1	C	—	—	工具によるけが ・工具の適正使用
B&Bマテリアル	11	9F 耐火間仕切取付まとめ	3	C	—	—	工具によるけが ・工具の適正使用
海部建設	12	各所木部・階段養生	1	C	—	—	カッターによるけが ・手元の確認
富士サッシ	13	8・9F AW搬入・取付	2	C	アーク	有	火花による火災 ・火花の養生
五十嵐工業	14	2F ガクブチ仕上げ	1	C	—	—	段差等つまずき転倒 ・足元注意

図5.4-1　工事打合せ・

5.4 安全管理の実施　95

担当		所長確認	松田 ××.3.7	(作業所名)	BH 作業所				No.199
大井									

確認　　　　　　　　　3月7日(水)　天候　晴れ

巡視時間　午前 9時00分　午後 15時30分

統括管理上の巡視記録
巡視者：(松田)

担当職	協力会社責任者サイン	稼働人員	実施状況	項目		状況	項目		状況
今吉		2	足元を確認して作業した	管理	手順書が守られているか	○	機械電気災害防止	クレーン、リフト	○
戸井田		8	足元を確認して作業した		資格者(作業主任者、他)	○		玉掛用具、合図	/
					就業制限(年齢、女子)	○		重機、軌道装置	/
馬場		10	工具の適正使用した		立入禁止措置	○		立入禁止、接触防止	○
					自主点検(機械、電気)	○		場内配線、分電盤	○
池田		1+2	足元に注意した	整理整頓	資材置場	○	火災爆発防止	火気取扱	○
					場内材料	○		ガス、電気溶接	○
登根		7	足元に注意した		通路、足場	○		火薬類	/
				墜落防止	安全通路の確保	○		危険物	/
					開口部防護	×		消火設備	○
安達		1+3	足元に注意した		親綱、安全帯	○	ガス有機溶剤酸欠	粉塵、換気	/
					安全ネット、手すり	×		測定	/
宮坂		2	手元を確認した		脚立、ローリングタワー	○		保護具着用	×
				崩壊倒壊防止	切盛掘削勾配	/	第三者対策	仮囲、外部養生	○
菊池		3	工具の適取扱いに徹した		湧水、浮石、落石	/		泥排水、産業廃棄物	○
					支保工(土止、型枠、ずい道)	/		車両管理	○
小林		1	脚立の適正使用した		解体(建物、重機等)	/		騒音、振動	○

状況　良好 ○　要是正 ×　該当無 /

	要是正、指示・注意事項	指示相手名	確認
土屋	1　工具の適正使用した	・室内でもヘルメットをかぶること.	(三田)昭和小林×2	○
桜井	3　工具の適正使用した	・ヘルメットアゴヒモ着用のこと.	〃　　×1	○
		・バルコニー側の一部ネット不備きちんと張ること.	(三田)	
		・バルコニーのたて樋穴を養生すること.		

統括管理記録
・決めたことは守ること.

朝礼時の指示伝達事項
・風が強いので飛散物、落下物ないようにして下さい.
・火気作業あり　火花の養生のこと.

| 日善 | 2 | 火花の養生した |
| 星 | 1 | 足元を確認した |

その他
新規，昭和小林＝2人
産廃の説明会(山本B)

安全指示・安全日誌

確認チェックし，フォローアップするものである．

(5) "実施状況"は協力会社より報告を受けて記入する．また，"統括管理上の巡視記録"には，安全管理者が場内を巡視した結果をチェックリストに従い記録し，異常があった場合は是正を指示する．

「工事打合せ・安全指示・安全日誌」の活用により，輻輳する作業を調整でき，的確な災害防止対策が立てられその実施を確実にフォローアップできる．

事例5.4-2　作業者の危険予知による事故・災害の防止：「危険予知活動表」

◆ 事例の目的 ◆

　事故・災害はいくつかの要因が重なり合って発生するが，原因は作業者の不安全な行動による場合が多い．

　不安全行動をなくすためには，ヒューマンエラーを考慮した安全教育により作業者自身の危険認識を高める必要がある．保護具の不使用や手順の省略，危険箇所への立ち入りなど，安全ルールの無視を根絶させる必要がある．そのためは職場単位で作業内容に合わせてグループ編成を行い，安全の小集団活動を実施することが効果的である．

　その活動に「危険予知活動」がある．作業開始前にグループ全員でミーティングを行い，この時に当日予定した作業の中に「どんな危険が潜んでいるか」の危険を予知して，その防止対策を決定し安全な行動をとるものである．

　この活動により作業者の危険予知能力が高まり，危険行動を回避することで，事故・災害を未然に防止できるようになる．

5.4 安全管理の実施　97

危　険　予　知　活　動　表	所長	副所長	次長	安全課長	担当課長	担当
活動実施日　20××年 6 月 3 日（土）18：00〜18：20	石島	松山	前川	木下	倉田	高倉
協力会社名　㈱藤原工務店　　記入者　重久剛太						

今日の作業予定

上り線　先進上半　掘削〜
　　　　後進上半（足付け）掘削〜
　　　　先進下半　斜路撤去〜

危険予知内容

●どんな危険がありますか？　（最重要項目に○をして下さい）

1. 重機入替時，接触する．
2.⃝ モルタル注入時，目に入る．
3. 合流点で D.T 同士が接触する．
4. 支保工建込時，挟まれる．

対策

●私たちはこうする！（危険予知内容の○をした項目について対策を考えよう）

1.⃝ 保護メガネを使用します（津曲）．
2. 注入中，ノズルの先には立入りません（松林）．
3. 挿入してから合図を送ります（河村）．
4.

最重要項目に○をして下さい（本日の行動目標にして下さい）．

ワンポイント指差確認	保護具はよいか？　　　ヨシ！	

参加者氏名

吉本　郁男	○	河村　万己	○	松林　良一	
杉山　邦雄		岡林　安		小山　清一	
重久　伸博		津曲　良宗		大津　智	
杉山　昭夫		東　正明			
重久　剛太		山崎　守			
		山田　彰			

●参加者全員の氏名を記入して下さい（各ブロックの職長に○を付けて下さい）．

参加者合計 14 名

※　タッチアンドコール（指差唱和）で締めくくろう．
※　危険予知活動によって安全で明るい職場をつくろう．
※　無資格就労のないよう確認しよう．

図 5.4-2　危険予知活動表

━━━━━◆ 事例の解説 ◆━━━━━

　図5.4-2に「危険予知活動表」を示す．
　本事例は，トンネル建設現場の掘削作業において，作業グループが"危険予知"を行い，安全行動を決定し実施する活動の記録表である．この活動は，「危険予知ミーティングの手引き」(事例5.3-3)を使用した教育・訓練により周知される．

(1) "危険予知内容"は，今日の作業予定に対して「どんな危険がありますか？」とメンバーに問いかけて，危険要因をいくつか抽出する．
　その中で最も重要な項目に○印を付け，災害・事故のターゲットを決定する．
(2) "対策"では，(1)の最重要項目について対策をいくつか考え，危険を回避する行動として「私たちはこうする！」ことを決定する．
(3) 最後に安全行動の約束として，"ワンポイント指差確認"と"タッチアンドコール"で元気よく唱和して締めくくる．

　これにより，作業者自身が事故・災害防止対策を考え実施することで，不安全行動を絶滅できるようになる．

事例5.4-3　ヒヤリ・ハット事例の顕在化：「ヒヤリ・ハット報告書」

━━━━━◆ 事例の目的 ◆━━━━━

　ハインリッヒの法則が示すように，事故・怪我のアクシデントを招く陰には，その10倍のインシデントが潜んでいる．
　事故・災害を防止するためには，「ヒヤリとした，ハットした！　もう少しで事故になるところだった」というようなインシデントを，日常の作業の中から顕在化する活動が重要である．

ヒヤリ・ハット報告書

				区　分	作業所	H 火力(作)
				Ⓐ　B　C	報告日	20××. 4 .20

いつ	20××年 4 月 18 日 11 時 00 分頃			作業所処理	職　長	報告者
だれが	岡本	職種	ダンプトラック 運転手		東	東
どこで	スポーツハウス			私ならこうする（報告者の対策）		
何をして いた時に	4 t ダンプトラックによる 路盤材搬入時．			進入路の勾配をゆるやかにする．また， 仮設でアスファルト舗装をする．		
どうして	進入路が急勾配だったた めに（路面は，砕石 M − 30）．					
				作業所で決めた対策		
どうした	ダンプトラックの右後輪 が路盤にめり込んでダン プトラックが横転しそう になった．			・作業員と職長の打合せが不十分だっ 　たようなので，その点を再度指導徹 　底した． ・スロープをゆるやかにする．		
				作業所対策実施日	4／20	

簡単な略図を書いて下さい
（裏も利用してください）

※区分 A とは「放置しておくと極めて危険
　で重大災害に繋がりかねないもの」

※区分 B とは「休業災害がよく発生してい
　る事例で時には重大災害となるもの」

※区分 C とは「重大災害になることはない
　が時には休業災害となるもの」

スポーツハウス

・作業計画書の改訂
・作業方法の改善
・進入路の計画変更

図 5.4−3　ヒヤリ・ハット報告書

「ヒヤリ・ハット事例」を顕在化して，危険要因を除去する対策を定め，全社的に水平展開することで事故・災害を未然に防止できるようになる．

―――――◆ 事例の解説 ◆―――――

図 5.4-3 に「ヒヤリ・ハット報告書」を示す．

本事例は，火力発電所の建設工事において発生したインシデントを顕在化して，原因を追究し災害防止対策を定め，事故要因を除去するものである．

(1) 起きたヒヤリ・ハットについて，"いつ，だれが，どこで，何をしていた時に，どうなったか"を目撃または経験した本人が報告する．
(2) そのヒヤリ・ハットが"どうして"起きたか，対策として"私ならこうする"ことを，報告者の考えで記入する．
(3) 報告をもとに管理者側が，安全管理面の対策を決定して"作業所で決めた対策"を記載し実行する．

これによりインシデントの顕在化が進み，その再発防止を確実にすることで，事故・災害を未然に防止できるようになる．

■5.5 安全活動の評価・処置

計画どおりの活動が実行できているかどうかを客観的に評価・反省して，適切なアクションをとることが安全管理のうえでも重要である．

安全管理活動の評価は，適切な評価基準を定め定期的に実施する必要がある．評価により管理上の反省を行い，安全教育や日常の安全対策などの活動を見直し，問題があれば計画を修正しなければならない．

これにより安全管理活動のレベルが向上し，事故・災害の防止を確実にできるようになる．

事例 5.5-1　現場の安全管理の評価:「作業所安全衛生評価表」

◆ 事例の目的 ◆

　安全管理活動の評価は，特に危険作業に対する安全対策の実施状況をはじめ，作業所の安全重点方策の達成状況，日常の安全管理サイクルなどについて実施する．

　評価は評価基準を定め，評価結果で基準に満たない場合は，異常原因を除去する処置をとって管理を確実にしなければならない．異常の処置は，あらかじめ評価項目ごとに対策事項を標準化して定めておく必要がある．

◆ 事例の解説 ◆

図5.5-1に「作業所安全衛生評価表」を示す．

本事例は，建設プロジェクトの作業所における安全管理活動を評価するものである．

(1) 労働災害統計で示されている，建設産業における3つの重大災害"つい落，重機，飛来崩壊"を対象に，十分な災害防止対策をとっているかどうかを評価する．

(2) 全社で定めた作業所における安全の"最重点実施事項"，"作業前打合せ確実な実施，整理整頓の徹底，服装の端正"に対する評価を行う．

(3) 毎日の"安全施工サイクルの遵守・徹底・改善"の実施状況について評価する．

(4) 評価は，下欄に示すように「5：良い，3：不十分，1：悪い」の3段階の基準で行い，3以下の評価に対して異常処置を行う．

(5) 3以下の異常原因は，標準の遵守が十分でなかったことによるもので，この処置としては"適用"に示すとおり，標準遵守の対策を講じ

作業所安全衛生評価表

支店長	施工主管部	安全労務部 部長 合議 係			作業所名	KU	進捗率	60%
合		渡邊 畓 菱 斧 岸			所長名	大原友弘	立会者	小川
					評定日	20××.5.2	評定者	岸田 聰 岸

区分		点検項目	評価点	適用	区分		点検項目	評価点	適用
つ い 落	足場	1. 手摺・筋違い・端部	⑤ 3 1	2-71・4-20~22	飛来崩壊	土留支保工	31. 組立計画等	5 3 1	4-34
		2. 作業床・養生ネット	5 ③ 1	2-88 4-20			32. 組立解体時の措置	5 3 1	4-34~35
		3. 躯体間の養生	⑤ 3 1	2-71			33. 点検	5 3 1	4-34 3-111
		4. ローリングタワー	5 3 1	部材・高さチェック・4-23		ず	34. 調査計画	5 3 1	2-139・3-1・4-50
		5. 吊り足場、安全ネット	⑤ 3 1	2-86			35. 地山崩壊の防止	5 3 1	2-140・3-1・4-50
		6. 足場組立解体の状況	⑤ 3 1	主任者の直接指揮・4-23		い道	36. 点検	5 3 1	2-139・3-1・4-50~51
	通路	7. 昇降設備	5 ③ 1	2-76 92・4-24~25		型枠支保工	37. 構造及び計算書	⑤ 3 1	4-26
		8. 架設通路	⑤ 3 1	4-24			38. 組立解体手順・主任者の直接指揮	5 3 1	2-45 4-26~28
	高所作業	9. 囲い養生	⑤ 3 1	2-88 4-9			39. 点検	⑤ 3 1	3-125
		10. 脚立	⑤ 3 1	4-24		最重点実施事項	40. 作業前打合せの確実な実施 2-34	⑤ 3 1	新規作業打合せ含む 2-2E
		11. 梯子（固定・60CM の突出し）	5 ③ 1	2-92 4-24			41. 整理整頓の徹底 1-7	⑤ 3 1	2-40
		12. 安全帯及不安全行動	⑤ 3 1	2-78 4-9~10			42. 服装の徹底 1-2	⑤ 3 1	1-7
重機械	車輌・建設機械	13. 作業計画	⑤ 3 1	1-8~9 3-45 4-36 38	安全施工サイクルの遵守・徹底・改善		43. 施工計画・見直し	⑤ 3 1	1-5 2-13~15
		14. 制限速度	⑤ 3 1	4-36 38			44. 法定手続・変更手続	⑤ 3 1	1-5 2-13~15
		15. 転落防止	⑤ 3 1	4-36 38			45. 協力会社の提出書類チェック	⑤ 3 1	1-10 16 2-25~26
		16. 接触防止	⑤ 3 1	4-36 38			46. 安全衛生管理組織・災防協	⑤ 3 1	1-4~6 4-1~2
		17. 運転位置からの離脱措置	⑤ 3 1	2-116 4-36 38			47. 健康管理（健診・配置）	⑤ 3 1	1-9~10 2-150 153 4-66
		18. 点検・検査	⑤ 3 1	4-36 38			48. 持込機械の点検(月、始業)	⑤ 3 1	1-15~16 2-96~103
		19. くい打ち、くい抜機	5 3 1	4-41			49. 作業手順書・改訂・周知	⑤ 3 1	1-8 2-45
		20. バッテリーロコ等	5 3 1	2-141			50. 朝礼・TBM・KY 活動	⑤ 3 1	1-7、16 2-35
		21. 安全装置	⑤ 3 1	2-141			51. 新規就労者教育・記録	⑤ 3 1	1-11 2-48
	クレーン	22. 作業計画	⑤ 3 1	1-8、9 2-104・3-44			52. 現場巡視・記録・コメント	⑤ 3 1	1-4、19 2-27 4-1
		23. クレーンのワイヤー、玉掛索	⑤ 3 1	2-104~105			53. 表示・掲示(見栄え)	⑤ 3 1	1-10
		24. 玉掛作業	⑤ 3 1	2-106~109 4-18~19 4-12			54. 有資格者の選任、就業	⑤ 3 1	1-7、15 2-25、29 4-67
		25. 転倒防止、安全装置	⑤ 3 1	2-104 4-14			55. 保護具等(着用・使用)	⑤ 3 1	1-7、18 2-29
		26. 点検、検査等	⑤ 3 1	2-104 4-13 3-82~			56. 健康障害の防止(酸欠・ガス他)	5 3 1	2-59 62 64 130、4-56~62 他
飛来崩壊	明り掘削	27. 飛来落下	⑤ 3 1	4-32			57. 標準類の活用・整理	⑤ 3 1	2-1
		28. 調査、計画	⑤ 3 1	4-32			58. 第三者(公害)事故防止	⑤ 3 1	1-9 2-67、170
		29. 崩壊による危険防止	⑤ 3 1	4-33			59. 防火避難救護等の計画・訓練	5 3 1	1-9、18 2-117、121 4-52 他
		30. 点検	⑤ 3 1	4-32 3-109			60. 協力会社の自主管理	⑤ 3 1	1-10、14 安全自主管理要綱

(注) 適用の数字は安全必携のページを示す。
イ. 該当する評価点を○で囲む。
ロ. 評価点が3以下の場合は、安全査察改善指示書に是正事項を記入、担当者に改善計画を記入させる。
ハ. 評価点数：評価点は三大災害の墜落、重機、飛来崩壊については「良い」5、「不十分」3、「悪い」1とし、最重点実施事項・安全施工サイクルの遵守、徹底、改善についても管理の重要なことより5、3、1の評価とする。
ニ. 評価算出方法
$$\frac{該当する点検項目評価点の合計（B）}{該当する点検項目×(*)（A）} \times 100 = 評価点$$
＊印 分母の計算―満点300点より非点検項目数×5を控除し分母とする。

総合点	評価点の合計 234	×100＝	97.5 点
	点検項目の合計 240		

総合所見
・本日の作業は隣り工区VO社より重ダンプ(32t)6台での盛土工、水路BOXのスラブコンクリート打設および型枠組立、それに小段での排水工が主な工程である。
・安全面としては、起きれば重大災害となる可能性があると思われる重ダンプ走行管理も、打合せ(VO社と)および明示もよくなされていると思います。また現場も型枠、鉄筋材等も要所で整理されているので、現在施工中の主力構造物も、7月中の予定とのことですので今の状態を続けるようにして下さい。

図 5.5-1 作業所安全衛生評価表

ることになる."適用"に記載した番号は,安全管理の全社標準である「安全必携」のコードを示すものである.

これにより,作業所の安全管理活動の全般を評価して活動の弱点を明確にできる.さらに標準にそった管理を徹底でき,無事故・無災害を達成できるようになる.

事例 5.5-2　協力会社の自己評価:「職長安全評価表」

◆ 事例の目的 ◆

安全管理活動は,直接作業に携わる協力会社と作業の指揮・指導にあたる管理者が一体になって実施する活動である.したがって活動の評価は管理者側だけでなく,協力会社も作業者自身の活動について自ら評価して認識を高める必要がある.

安全認識を高めることが作業者の活動への積極的な参画を促し,効果的な安全管理活動を実践できる.

◆ 事例の解説 ◆

図 5.5-2 に「職長安全評価表」を示す.

本事例は,建設現場において協力会社の職長が自社の活動について自己評価して,安全管理活動を活発にするものである.

(1) 上段の 1 から 10 までの実施項目は,作業所において職長に与えられた役割を示しており,評価項目はその実施レベルを表し「A:10点, B:7点, C:1点」の基準で評価する.

(2) 下段は協力会社において実施すべき安全管理の実施事項を示し,(1)と同様の基準で評価する.

(3) "コメント"の欄では,悪かった点の反省も必要であるが,むしろ

RST方式職長教育
受講年月　20××.5.19
受講場所　MK建設SH支店
受講会社名

評価日	20××年5月23日
作業所名	MI作業所
評価実施者	岩井　正

職 長 安 全 評 価 表

協力会社名　　DN工務店

職 長 名　　　山田　力

実施項目	評価項目	評価 A	評価 B	評価 C	備考 コメント願います
1. KYの活動状況	1. KYを実施し指差確認している	10			・朝礼時の話し合いの中でKYを周知徹底している.
	2. KYを実施し記録を取っている		⑦		
	3. 職員が立ち会わないとできない			1	
2. 朝礼への参加	1. 100％参加し態度も良い	⑩			
	2. 参加はするが活力が乏しい		7		
	3. 欠席することが多い			1	
3. 新規入場者教育	1. 自主的に申告し協力的である	⑩			
	2. 問いかければ申告する		7		
	3. 申告せずに就労させている			1	
4. 工事安全打合せ	1. 自主的に参加・発言も良い	⑩			・現場の作業がスムーズに流れるよう常に考えている.
	2. 呼出に応じ参加はする		7		
	3. 欠席することが多い			1	
5. 一斉片付け	1. 積極的に実行している	⑩			・片付けは常時行っている.
	2. 職員がリードしたらやる		7		
	3. やらないことが多い			1	
6. 現場のルール	1. 職長, 作業員まで徹底して守る	⑩			
	2. 職長が積極的に指導している		7		
	3. 再三の注意でも徹底しない			1	
7. 服装安全装具	1. 着装使用している	⑩			
	2. 着装しているが使わない		7		
	3. 安全装具を身に付けない			1	
8. 職長の職務	1. 職長が積極的に部下をリードしている	⑩			・指示が徹底しており, また作業員を完全にリードしている.
	2. 職長が弱く班がまとまりにくい		7		
	3. 職長が指示を守らない			1	
9. 作業終了時の報告	1. 必ず報告してから退所している	⑩			
	2. 時々忘れるが大体良い		7		
	3. 報告無しで勝手に退所している			1	
10. 災害防止協議会	1. 活発に発言する	⑩			
	2. 職長は必ず出席する		7		
	3. 出席するが無関心のようである			1	
評点合計		90	7		
A. 協力会社の現場対応	1. 安全衛生推進者が週1回以上巡回	10			
	2. 安全衛生推進者が月2回以上巡回		⑦		
	3. 元請まかせである			1	
B. 雇入教育	1. KY教育をしてきている	10			
	2. 作業の概要は教えてある		⑦		
	3. 元請まかせである			1	
合　　計		90	21		

図 5.5-2　職長安全評価表

自分がよくやったと思えることをコメントしてもらった方が士気の高揚につながり，ほかの職長への水平展開ができる．

この評価により，協力会社および職長の安全管理における役割・責任の認識が高まり，作業者と管理者が一体となった安全管理活動を効果的に実践できる．

事例5.5-3　事故・災害の再発防止：「工種別災害防止要点集」

◆ 事例の目的 ◆

安全管理活動においては，万が一の事故・災害の発生に備えて，その処置を迅速かつ的確に実施できる体制を整えるのは当然のことであるが，過去の事故・災害の要因を分析して再発防止対策を全社に展開することがさらに重要である．

災害・事故の発生は貴重な教訓であり，自社はもとより他社の事例も「他山の石を以って…」として収集・分析し再発防止対策を講じるべきである．

過去における事故・災害の苦い体験を活かし，一つひとつの安全対策を標準化して安全管理に反映することが重要であり不可欠である．このような地道な活動により，事故・災害を未然に防止できるようになる．

◆ 事例の解説 ◆

図5.5-3に「工種別災害防止要点集」を示す．

本事例は，建設現場において発生したトンネルの削孔作業について，同業他社および自社の事故・災害事例を分析して，その再発防止対策を標準化したものである．

(1) 作業工程別に"工種名"を分類して想定される災害を具体的に表現

工種別災害防止要点集

工種名　削　孔

制定	20××.4.10
改訂	

No.	想定される災害 (状況を具体的に表現する)	No.	災害防止の要点 (A 職長, B 安衛責, C 職員, D 所長別に)
①	天盤からの崩落で死傷する.	①	機械掘りと違って, 発破工法は緩み領域が広く発生する. 徹底したコソクと, 早急に矢板送りを実施する. (A, B)
②	切羽崩壊で人が埋まる.	②	常に地質観察を行い, コソクの徹底, 作業主任者への危険に対する教育, 保護具の着用の指導を周知徹底する. (A, B)
③	切羽面よりの, 湧水による剥離石が, 足背部に当り骨折する.	③	作業方法について, 坑内作業員全員と検討会を開き, 手順書を決め周知を図り, 作業主任者は監視を怠らない. (A, B, C)
④	削孔足場の不備により転落し, 足骨, 手骨を骨折する.	④	法で決められた足場とし, 進捗を急ぐべきでない. 使用を義務づけるようにし, 使用しやすい足場を工夫する. (A, B)

安全確認事項　作業前
1. 緊急時における連絡体制の確認.
2. 火薬取締法の順守事項の周知確認.
3. コソクの支持徹底と確認.
4. 作業手順の確認.
5. KY 活動の指導強化.
6. 打ち合せ安全指示事項の再確認.

8. 保護具着用の指示確認.
 (5団体の指導順守事項含む)
9. 連絡合図方法の確認.

環境　測定　機器　仮設　工具　保護具

図 5.5-3　工種別災害防止要点集

する．この表現は過去に実際に起きた事故・災害が自分の作業に起こることを想定するものである．

(2) (1)の"想定される災害"に対して災害防止のポイントを"災害防止の要点"に記載する．

　その実施者は，「A：職長，B：安全衛生管理責任者，C：担当職員，D：作業所長」に分類して責任を明確にする．

(3) 下欄に示す"作業前安全確認事項"は，"災害防止の要点"に対して，作業開始前に確認すべき事項をチェックリストにして漏れなく実施できるようにしてある．

　これにより，過去の苦い経験をもとに安全作業の標準化が徹底でき，事故・災害の再発防止が確実にできるようになる．

引用・参考文献

1） 細谷克也（編著）：『品質経営システム構築の実践集』，日科技連出版社，2002.
2） 細谷克也：『QC的ものの見方・考え方』，日科技連出版社，1984.
3） 細谷克也：『QC的問題解決法』，日科技連出版社，1989.
4） 細谷克也（編著）：『すぐわかる問題解決法』，日科技連出版社，2000.
5） 細谷克也：『やさしいQC手法演習　QC七つ道具　－新JIS完全対応版－』，日科技連出版社，2006.
6） 細谷克也（共著）：『実践力・現場力を高めるQC用語集』，日科技連出版社，2015.
7） 細谷克也（監修）：『事例でわかる設備改善』，日科技連出版社，2013.
8） 日本品質管理学会（編）：『新版　品質保証ガイドブック』，日科技連出版社，2009.
9） デミング賞委員会：『デミング賞のしおり』，日本科学技術連盟，2017.
10） JIS Q 9000：2015「品質マネジメントシステム－基本及び用語」
11） JIS Q 9001：2015「品質マネジメントシステム－要求事項」
12） JIS Z 8115：2000「ディペンダビリティ（信頼性）用語」

索　引

ページ番号の前の丸付き数字は収録されている各編を示す．

［英数字］

4 M	③ 24
DR	② 28
——実施体系表	② 26, ② 28
——指摘事項フォローアップ書	
	② 30, ② 31
FMEA	❶ 72, ③ 19
——故障等級と対応表	② 34, ② 35
——故障モードと影響の解析表	
	② 32, ② 33, ② 34
FTA	③ 22
FT 図	③ 22
MK 建設㈱のプロフィール	xv
MTBF	② 77
MTTR	② 77
NH 機械㈱のプロフィール	xii
QA 表	③ 33, ③ 34
QC 工程表　③ 30, ③ 33, ③ 35,	③ 36
QC サークル	② 90
QC ストーリー	② 98
T 7	② 50
TQM	❶ 1
——活動により得られる効果	❶ 6
——活動の 7 つの特徴	❶ 3
——の定義	❶ 2
——の必要性	❶ 1
VE 検討書	③ 69, ③ 70

［ア行］

安全活動の評価・処置	❶ 99
安全管理	❶ 65
——計画	❶ 67
——のしくみの構築	❶ 66
——の実施	❶ 88
安全管理システムの構築	❶ 66
安全管理体系図	❶ 66, ❶ 69
安全教育の実施	❶ 82
安全作業 FMEA	❶ 74
安全作業手順の明確化	❶ 73
安全作業の打合せ・指示	❶ 93
異常・故障修理申請・報告書	
	② 85, ② 87, ② 88
お客様アンケート個別対応フォロー表	
	③ 95, ③ 96
お客様アンケート調査表　③ 93,	③ 94

［カ行］

改善活動	② 89
——進捗管理表	② 95
——進捗管理表	② 96
——の完了報告	② 97
——のしくみの構築	② 91
——の進捗管理	② 95
——のまとめ方	② 98
改善活動体系図	② 91, ② 92
改善活動発表事例の評価	② 103
改善活動報告書のまとめ方のコツ	
	② 98, ② 99, ② 100
改善テーマ設定書	
	❶ 25, ❶ 26, ❶ 27, ② 93, ② 94
開発・設計業務の管理	② 21

索　引

開発・設計の実施	②16
開発計画・管理表	②21, ②24, ②26
開発システムの工程分析と改善	②66
開発商品の評価	②38
開発情報シート	②50, ②51, ②52
開発製品企画書	②11, ②14
開発製品の評価	②32
開発設計目標の管理	②59
開発テーマの決定	②10
開発テーマ評価表	②10, ②12
開発品質の評価・改善	②61
開発品質評価表	②61, ②62, ②63
開発不具合工程分析表	②66, ②67, ②68
開発目的・開発目標の明確化	②51
活動フォローアップ書	❶29, ❶30
管理項目	❶41
──実績表	❶44, ❶45
──の実績管理	❶44
管理項目・点検項目整理表	③26, ③28, ③29
管理対象と点検基準の明確化	②73
規格原価推移表	③65, ③66
企業体質とは	❶5
危険作業の安全計画	❶77
危険予知活動表	❶96, ❶97, ❶98
危険予知ミーティングの手引き	❶86, ❶88, ❶89
技術開発管理システムの構築	②44
技術開発管理体系図	②44, ②45, ②46
技術開発企画書	②53, ②54
技術開発ニーズの調査と収集	②50
技術課題の明確化と対策の策定	②55
技術能力評価表	❶60, ❶61
技術標準書	③50, ③51, ③53
機種別反省書	②38, ②40, ②41
基本QC工程表	③30, ③31
教育・訓練	❶47
──の実施	❶58
教育管理システムの構築	❶48
教育管理表	❶56, ❶57
教育構成図	❶50, ❶51
教育実施報告書	❶58, ❶59
教育体系図	❶48, ❶49
教育ニーズ調査表	❶52, ❶53
教育ニーズの明確化	❶52
教育の体系化	❶50
業務機能展開表	❶41, ❶42
業務機能と管理項目の明確化	❶41
協力会社安全教育体系	❶82, ❶83, ❶85
協力会社の自己評価	❶103
クレーム処理・是正処置票	③46, ③47
クレームの再発防止	③46
クレーン作業計画書	❶77, ❶80
経営基本戦略の立案	❶15
経営戦略立案シート	❶15, ❶16, ❶17
経営方針の達成	❶11
計測機器管理	②71
──の実施	②75
計測機器の校正・処置	②81
計測機器不適合品評価表	②81, ②83
原価管理	③55
──のしくみ	③56
──の実施	③65

──の評価・処置	③71	顧客による受注活動の評価	③93
原価企画	③55	顧客評価のフォローアップ	③95
原価企画書	③62, ③63, ③64	顧客満足情報の分析	③11
原価推移の管理	③65	顧客満足調査票	③8, ③11, ③12
原価低減	③55	顧客満足展開表	③6, ③8, ③9
──活動	③69	顧客満足の向上	③5
原価統制	③55	顧客満足の調査と評価	③8
原価統制・予算の管理	③67	顧客満足の分析事例	③11, ③13
現場の安全管理の評価	❶101	顧客満足要因の抽出	③6
工事打合せ・安全指示・安全日誌		故障の木解析	③22
	❶93, ❶94	故障モードと影響解析	❶72, ③19
工種別災害防要点集	❶105, ❶106	故障モードの予測と影響解析	②32
校正記録書	②81, ②82	個人別教育計画・実績表	❶54, ❶55
工程FMEA	③19	個人別教育ニーズの明確化	❶54
──チャート	③19, ③20, ③21		

[サ行]

工程監査記録書	③116, ③117		
工程管理	③32	再発防止	③41
──方法の決定	③30	──対策の文書化	③50
購買内訳票		作業指導票	③35, ③37, ③38
	③108, ③109, ③110, ③111	作業者の安全意識の高揚	❶86
購買管理	③99	作業者の危険予知による事故・災害	
──システム	③100	の防止	❶96
──のしくみの明確化	③100	作業所安全衛生管理評価表	
購買管理体系図	③100, ③103		❶101, ❶102
購買情報の明確化	③108	作業所安全施工サイクル	
購買製品の受入時の不良報告	③112		❶66, ❶67, ❶71
購買製品の管理・処置	③112	作業手順書	❶73, ❶76, ❶78
購買製品の調達	③108	作業標準書	③50, ③51, ③52
購買製品の不良原因の調査	③114	作業ポイントの明確化	③35
購買取引先の選定	③101	作業要点の明確化	②118
購買取引先の調査	③101	しくみの改善の手順	❶5
購買取引先の評価・選定	③105	事故・災害の防止	❶105
購買取引先の品質監査・指導	③116	事後保全	②71
顧客情報の収集・活用	③81	試作結果評価表	②33, ②36, ②37

索引

試作による評価	②33
実行予算PD反省シート	③74, ③75
実行予算書	③67, ③68
実施計画書	❶23, ❶24
失注原因の分析とフィードバック	③97
社長診断指摘事項改善計画・実施報告書	❶31, ❶32
重点活動ユーザー活動計画・管理表	③83, ③84
受注活動の管理	③85
受注活動の実践	③85
受注活動の評価・処置	③88
受注管理	③77
――システムの構築	③78
受注管理体系図	③78, ③79
受注計画	③80
受注物件管理票	③85, ③86, ③87
職員安全教育体系	❶82, ❶83, ❶84
職長安全評価表	❶103, ❶104
新規就業者教育記録書	❶83, ❶86, ❶87
新規就業者の教育	❶83
新技術開発	②43
――業務の管理ツールの開発と活用	②47
――の計画	②50
――のしくみの明確化	②47
――の実施	②53
――の評価・改善	②61
新技術開発7つ道具活用のフロー図	②47, ②48
人材開発	❶47
人材マップ	❶62, ❶63
新製品お客様アンケート	②36, ②38, ②39
新製品開発	②1
――システムの構築	②2
――の企画	②6, ②11
新製品開発体系図	②2, ②3, ②5
新製品の顧客による評価	②36
推進スタッフの支援・指導	②95
スタッフの能力評価	❶60
――および習熟度の明確化	❶60
制改廃履歴表	②116, ②117
製造品質のつくり込み	③33
製品原価の企画	③62
製品要求品質の展開	②17
施工工程における災害の予測	❶72
施工品質不具合の予測と対策	③19
設計審査	②27
――指摘事項の改善	②30
――の実施	②25
設計の評価・改善	②24
設計品質の設定	②20
設計品質の伝達	③33
設計目標管理表	②59, ②60
設備・計測機器管理	②71
――カード	②79, ②80
設備・計測機器日常点検表	②84, ②85, ②86
設備・計測機器の管理	②79
設備・計測機器の日常点検	②84
設備管理	②71
――システムの構築	②72
――の計画	②72
――の実施	②75

設備機器管理体系図	② 72, ② 73, ② 74
設備点検基準書	② 73, ② 75, ② 76
設備の異常処置	② 85
設備保全管理表	② 77, ② 78
設備保全のデータ収集	② 77
全社標準体系	② 112, ② 114
総合的品質管理	❶ 2
組織と主要業務	xiv, xvi

[タ行]

チーム	② 89
地中連続壁の品質表	③ 17, ③ 18
中・長期経営方針の明確化	❶ 15
中期経営基本計画の策定	❶ 18
中期経営計画書	❶ 18, ❶ 19
長期開発計画書	② 6, ② 7, ② 8
長期開発計画の策定	② 6
長期利益計画書	③ 60, ③ 61
鉄筋篭変位のFT図	③ 22, ③ 23
トラブル解析シート	③ 48, ③ 49
取引先調査書	③ 101, ③ 104
取引先評価表	③ 105, ③ 106, ③ 107

[ナ行]

日常管理	❶ 37
――からの改善テーマ設定	② 93
――システムの構築	❶ 38
――システムの構築	❶ 39
日常管理体系図	❶ 38, ❶ 39, ❶ 40
ネック技術解決 PDPC シート	② 57, ② 58
ネック技術解決対策書	② 55, ② 56
ネック技術解決の手法	② 57
年度教育・訓練計画の策定	❶ 56
年度経営計画の策定	❶ 20
年度経営計画の社長診断	❶ 31
年度計画実施事項絞り込み書	❶ 20, ❶ 21, ❶ 22
年度計画実施の期末反省	❶ 33
年度計画実施の月次管理	❶ 29
年度計画実施の評価	❶ 33
年度計画実施のフォローアップ	❶ 28
年度計画の課題設定	❶ 20
年度目標達成のための改善活動	❶ 25
納入品調査報告書	③ 114, ③ 115

[ハ行]

敗戦分析シート	③ 97, ③ 98
発表事例の評価	② 103
販売・受注管理	③ 77
販売活動における管理項目一覧表	③ 89, ③ 92
販売活動の実践	③ 85
販売活動の評価	③ 89
販売活動の評価・処置	③ 88
販売活動プロセスの管理	③ 86
販売管理	③ 77
販売計画	③ 80
ヒヤリ・ハット事例の顕在化	❶ 98
ヒヤリ・ハット報告書	❶ 98, ❶ 99, ❶ 100
標準化	② 107
――のしくみの構築	② 108
――の充実	③ 41
――レベルアップシート	③ 41, ③ 42
標準化体系図	② 108, ② 111
標準の体系化	② 109

標準類管理要領　②112, ②115, ②116
標準類の管理　②115
標準類の最新版管理　②115
標準類分類番号の採番方法
　　　　　　　　　②112, ②113
品質経営システム構築のポイント　ix
品質表　　　　　②17, ②18, ③17
品質不具合原因の管理面の解析　③48
品質不具合の未然防止　③14, ③15
品質不良の解析と再発防止　②62
品質不良報告書　　②112, ③113
品質方針の機能展開　③5, ③7
品質方針の機能展開と顧客満足　③5
品質保証　　　　　　　　　③1
品質保証システムの構築　③2
品質保証体系図　　③2, ③3, ③4
品質目標管理表　②20, ②21, ②22
不具合原因の解析　③22
不具合原因の発生確率の評価　③24
不具合予測4Mマトリックス図
　　　　　　　　　　③24, ③25
部署における教育ニーズの明確化
　　　　　　　　　　　　❶52
不適合製品処理・是正処置票
　　　　　　　③43, ③44, ③45
不適合製品の処理と再発防止　③43
部門別年度計画の策定　❶23
不良解析シート　②62, ②64, ②65,
　　　　　　　　③37, ③39, ③40
プロジェクトチーム　②89
文書管理台帳　　　②117, ②119
平均故障間隔　②77
平均修復時間　②77
方針管理　　　　　　　　❶9

索　引　115

　——期末反省書　❶32, ❶34, ❶35
　——システムの構築　❶11
方針管理体系図　❶11, ❶12, ❶13
訪問活動の計画・管理　③83

[マ行]

未然防止対策展開表
　　　　　　　③24, ③26, ③27
未然防止ツールMB7のしくみ
　　　　　　　　　③15, ③16
問題解決活動評価表
　　　　　②103, ②104, ②105
問題解決の手順　②99, ②102
問題点の明確化　②93

[ヤ行]

ユーザーカード　③81, ③82
要求品質の明確化と品質特性の設定
　　　　　　　　　　　③17
予算超過原因の解析　③74
予防対策実行のための管理項目の設定　③26
予防対策の展開　③24
予防保全　②71

[ラ行]

ランクアップシート　③86, ③90
利益・原価管理　③55
　——システムの構築　③56
利益改善処方箋　③71, ③72, ③73
利益管理　③55
　——のしくみ　③56
　——の実施　③65
　——の評価・処置　③71

利益管理体系図	③ 56, ③ 59	
利益計画・製品原価の企画	③ 57	
利益計画の策定	③ 60	
利益向上の施策	③ 71	
力量の的確性評価	❶ 62	

[ワ行]

ワンポイント標準書
　　　　② 118, ② 120, ② 121

編著者・著者紹介

編著者

細谷　克也　（ほそたに　かつや）

1938 年　生まれ．

1983 年　日本電信電話公社近畿電気通信局調査役を経て退職．

現　在　品質管理総合研究所代表取締役所長，（一財）日本科学技術連盟嘱託，技術士（経営工学部門），品質システム主任審査員，QC サークル上級指導士，上級品質技術者，QC 検定 1 級，（一社）日本品質管理学会名誉会員，デミング賞本賞受賞（1998 年），日経品質管理文献賞受賞（9 回），品質管理関係セミナー講師のほか，多くの企業の TQM 指導を担当．主な著書 135 冊．

著者

西野　武彦　（にしの　たけひこ）

1946 年　生まれ．

1964 年　前田建設工業株式会社入社，建築施工を経て TQM 推進に従事，グループ会社を含め 4 社のデミング賞を受賞，JSQC 品質管理推進功労賞受賞（2001 年），一級建築士．

現　在　日本品質奨励賞審査員，QMS エキスパート審査員（JRCA 登録 QEX 00009），TQM・ISO 講師及びコンサルティングに従事．（一社）日本品質管理学会員．

新倉　健一　（にいくら　けんいち）

1970 年　生まれ．博士（学術）．

現　在　前田建設工業株式会社総合企画部グループ企業グループ長，グループ会社の方針管理などを担当．（一社）日本品質管理学会理事．（一財）日本科学技術連盟「クオリティフォーラム」企画委員会委員，品質月間委員会委員．

TQM 実践ノウハウ集　第1編

2017年8月15日　第1刷発行

編著者　細谷　克也
著　者　西野　武彦
　　　　新倉　健一
発行人　田中　健

発行所　株式会社　日科技連出版社
〒151-0051　東京都渋谷区千駄ケ谷5-15-5
DSビル
電話　出版　03-5379-1244
　　　営業　03-5379-1238
印刷・製本　東港出版印刷株式会社

検印省略

Printed in Japan

©Katsuya Hosotani et al. 2017
ISBN 978-4-8171-9629-3
URL http://www.juse-p.co.jp/

本書の全部または一部を無断で複写複製(コピー)することは，著作権法上での例外を除き，禁じられています．

日科技連出版社の書籍案内

◆超簡単！ ExcelでQC七つ道具・新QC七つ道具 作図システム

細谷克也［編著］
千葉喜一・辻井五郎・西野武彦［著］
A5判，148頁，CD-ROM付

本作図システムの機能と特長

① 問題・課題解決活動などにおいて，QC七つ道具・新QC七つ道具が**簡単に，短時間で作成できる**．

② **数値データ**はもちろんのこと，**言語データ**の解析もExcelを使って作図できる．

③ Excelに詳しくなくても，画面の操作手順に従って**ボタンをクリック**すれば，QC七つ道具・新QC七つ道具が簡単に作図できる．

④ 図の**背景色，線の太さ，フォント**なども好みに応じて調整できる．

⑤ アウトプットの**事例を豊富**にそろえているので，図の完成イメージが簡単にわかる．

⑥ グラフ，管理図やマトリックス図などでは，数種類のメニューのなかから**必要な図を簡単に選択**できる．

⑦ パレート図や散布図などでは，出力結果に対して**「考察」が自動的に表示**され，修正・追記が可能である．

⑧ ヘルプボタンをクリックすることにより，ソフトの使い方が容易にわかる．

⑨ **見栄えのよい，わかりやすい**レポートの作成に有効である．

⑩ 一般のプレゼンテーション資料の作成にも使える．

★日科技連出版社の図書案内は，ホームページでご覧いただけます．●日科技連出版社
URL http://www.juse-p.co.jp/